文
景

Horizon

[日]小山裕久——著

Koyama Hirohisa

日本料理神髓

赵韵毅——译

上海人民出版社

目录

壹　料理的思考模式

贰　名师的金玉良言

日本料理的美味心经

韩良露　南村落负责人

我早已久闻日本料理家小山裕久的大名，也素来仰慕小山裕久承继的百年老店德岛青柳的盛名，一直想找机会去德岛一游，好好品尝一下青柳派厨艺的精华。

但直到近日阅读小山裕久所著的《日本料理神髓》一书，才发现自己真是错过了不少珍贵之事。首先，我要立即计划动身前往德岛：一向把京都料亭当成日本料理殿堂的我，现在才知道德岛青柳可能是更神圣的麦加。

早年我对小山裕久的了解，其实最多只是把他当成比料理达人更高一阶的料理厨艺家，但开始看这本书不久，立即恍然大悟小山裕久之名其实源于他是少数厨事职人升华而成的料理思想家。

已经好久没有一本像《日本料理神髓》这般讨论厨艺的书，会如此深得我心，读此书的过程很像喝一碗饱富神髓的日式清高汤，小山裕久平易近人的文字之中蕴含着单纯食物的精华，喝来通体舒畅自在。

我怎能不举例说明是哪些文字与思想感动了我，譬如小山裕久开宗明义地指出"日本料理靠的不是情绪，而是要掌握功能性的元素"、"日本料理很简单反而变得更难做"、"如果想成为一个料理人，首先一定要让自己有个目标，就是能够把'字'写好"。

小山裕久用书法来比喻日本料理，用油画来比喻法国料理，法国料理的功夫可以靠增增减减的复杂厨艺，但日本料理靠的却是一次定输赢，例如生鱼片的刀工，就像学写字并不难，但是要切得好就像写字需要磨炼一样，而可以把字写出书法的神髓却非简单的事。

小山裕久说日本料理人用刀就像书法家用笔一样，执笔者的刀法是否能存乎一心、收放自如关系重大，怪不得日本是全世界最重视厨房刀具的民族，只要去过京都的"有次"，看到那些精细的各式料理用刀，自然明白钢刀是毛笔的比喻。我是个挑剔的食客，对日本料理店的好坏判断，常常会根据他们是否仍用手切萝卜丝，萝卜丝切出的大小是否适中（太细、太宽都不对），萝卜丝是否有味有水分，还有最重要的一点，萝卜丝是否有光泽。同样的道理也反映在生鱼片上，好的刀工不能破坏鱼肉的纤维（至于吃起来会夹筋的生鱼片则等于连写字都不会），好的生鱼片会根据鱼材特质切得大小适宜，鱼片会暖暖含光，吃到嘴中口感佳美，香气犹存。

小山裕久对厨艺能思想亦能实践，他谈美味不会像不懂厨艺的人般轻飘飘天马行空，也不会像只懂厨术但不思考的人般有术无心，所谓灵巧手艺，无灵性之巧只是工而已。

我喜欢厨艺之道，小山裕久的这本书，真像料理高手在你耳边窃窃私语般亲切，随口说出的料理心得都让厨人会心、知心，例如他谈酱烫鸭儿芹，火候最好是"外层稍微烫过但中间还是生的"，对这种口感有要求有感觉的人立即觉得贴心；还有在烤香鱼时，鱼头、鱼腹、鱼尾烧烤的温度要不同，我这一生也吃过不少香鱼，看了小山裕久的书，让我衷心渴望着去德岛青柳吃一枚法国大厨罗比雄也赞叹的绝品。

小山裕久写如何熬出完美的日式高汤，说来简单，不过昆布、柴鱼和好水，但昆布要讲究（北海道顶级日高？），熬的时间要够（四小时以上），柴鱼要先刨（这一点我没做到），而且柴鱼只要烫一下逼出味即可，熬久了会苦（原来如此！），水很重要，最好用纯净的山泉水。看完此书，我才明白我在京都料亭喝过念念不忘的清汤是怎么变出来的。

除了料理心得外，这本书还收录了小山裕久和几位料理大师的对谈，就像看厨林高手过招，简单言语中流露着精彩的心领神会，和吉兆的大师汤木贞一的对谈中谈到食品即人品，人品不佳者做不出好食品，真是一语中的，小山裕久的美味心经，其实亦人生修行之道也。

在简约里追求极致——日本料理

叶怡兰　饮食作家

2007 年 1 月马德里"Madrid Fusion"美食峰会，一年一度，齐集世界顶尖名厨共聚一堂，相互演示交流最新、最前卫、最受瞩目的厨艺思潮与技法。其中，日本龙吟餐厅主厨山本征治的演讲会场，来自全球各地的厨艺工作者们，团团簇拥，将三层楼的演讲厅挤得水泄不通。空前盛况，唯有年年"Madrid Fusion"的最最重头戏——西班牙国宝级厨艺大师，也是当今最红火热门的"分子厨艺"大将 Ferran Adrià 的场子可堪比拟。

山本征治，正是《日本料理神髓》此书作者，德岛青柳料亭主人小山裕久的门徒。

2007 年 10 月，美食圈轰动一时的热门话题：首度问世的《米其林餐饮指南》东京版中，位列三星的神田、小十与二星的龙吟，均出身德岛青柳；一门天下，顿时轰动全日，早已被视为日本料理宗师级人物的小山裕久，声望再次达到顶点。

与其他分子厨艺门下名厨几近炫技的华丽演出非常不同，山本征治的演说与示范，内容十分朴素。从东京筑地市场买鱼、选鱼的影像播放起，之后则是扎实的杀鱼、片鱼等基本功夫演示。

然而，上千位从全球四面八方聚拢而来的厨师、餐饮工作者、美食评论家与写作者，全数屏气凝神目不转睛，无一例外地专注观看、倾听山本主厨的每一句解说，每一个动作……

那刻，场上台下，同样来自亚洲的我，惊叹咋舌，深深感受到日本料理全面席卷世界的时代，已然来临。

是的。就在近几年，特别在欧洲，真的可以深刻领略，日本料理正在全球时尚饮食与顶级厨艺领域里发生惊人的影响力。几乎，只要是有一定水平以上的创作型名厨餐厅，端上来的菜肴，多多少少，都可以嗅出丝丝和风气味与轨迹。

究竟，向来对自身饮食成就与文化始终充满自豪与倨傲的欧洲人，竟能对日本料理如此心悦诚服、热烈拥抱，其原因何在？——"Madrid Fusion"活动间，每一次名厨们的近身采访后，我总忍不住如此提问。

"对食材原质原味的洞悉与坚持，以及，每一种细微技术，都能经年累月永不懈怠地磨炼与精进。"另一位众所瞩目的英国分子厨艺名厨 Heston Blumenthal 以钦羡的表情如是说，他甚至认为，特别是后者，在西方的厨艺传统里，可以说是比较缺乏的。

而我，沉迷、写作美食多年，随着行旅与研究的脚步，尝过多少地方多少国度的食物；然而，对我而言，所有异国料理中，日本料理，始终是我最私心偏爱、与我美食上的审美思考与观点最贴近的一种。

其中，当然难免多少出乎日本料理与台湾料理在口味和思维上的相近，故而格外能有共鸣（而我想，这也是日本料理之所以能在台湾如此受欢迎的缘故）；然更多的，还是应该归因于日本料理独树一帜的思考与内在哲学。

我总认为，传统日本料理，是以"简约"为极致追求的料理。

但这简约，可绝非随心放手一任无为，更非贫乏单调空洞寡味，而是从食材本质以至技法等大小细节与内外追求，无一不精工细腻苛求完美；然其中之脉络纹理与最终形于外之形态样貌，却一点不见繁复不见锋芒不矜夸，谦逊朴素、宁静致远，浑然澄澈如天成。

而也因为深深着迷折服其中，遂而，对我来说，《日本料理神髓》的阅读经验着实美好非常；几乎是一路读，一路拍案赞叹："是的是的，就是小山师傅说的这样！"

乍看似是谈理说论谈方论法的一本日本料理教科书，大多数篇章的写作时间距今也已超过十年，然今日读来，却仍字字句句均如炎夏里的清凉冷泉般，点点滴滴沁凉沁甜直入我心。

不唱高调。书里，小山裕久扎实地自日本料理的本质起始，从菜单的准备和设计、高汤、刀工、烧烤、蒸、炸、炖煮、醋腌、白饭……一路恳切平实娓娓道来。"日本料理很简单反而变得更难做。""由于步骤很单纯，所以每一个细节的质量都必须有一定的水平。也就是说任何的偷工减料都是不被容许的。"就像是写书法，"执笔者所有的才能都寄托在那支笔上，而且是一次定输赢"。

"问题在于学会之后"，"真正的修炼从这里才开始"。"每天一成不变的工作内容中其实可以找到许多自我磨炼的题目。"

我特别喜欢小山师傅在书中所举的高汤的例子："想要每天熬出一样的高汤，基本上是不可能的。"他说，柴鱼是很特别的食材，每一条鱼都有不一样的滋味，即使是同一条鱼，部位不同，也有不同影响，甚至连刨片的方式、刨片之后的等待时间，还有搭配的昆布的质量和部位，柴鱼片放入热水中的瞬间……"听起来好像很简单，可这是足足花了我五年的时间才找到的方法。"

还有生鱼片。"没有'因为是生的就叫生鱼片'这么简单的事！"小山斩钉截铁地说。重点在于"想尽办法保留住食材本身的美味和水分","降低刀刃对鱼肉的压力，不用刻意施加压力也可轻松将鱼肉切断"。

还有烧烤。是最典型的"用单纯的方法做出复杂的成品"，深入观察、了解一条鱼的每一部位的不同结构组成与期望达到的理想口感（头部和表面呈现酥脆香松，而鱼身部分则是在切下去的瞬间会感觉水汽直接往上冲的多汁……），不断调整火候让每一部分都烤得恰到好处。

读着，是一种几近战栗的感动。日本料理之精义真义，及其超越之处，就这么款款流露。

特别一提，本书的后半部，是一系列小山裕久与各方名厨及知名餐饮工作者的对谈。

其中，小山师傅和几位法国名厨如若埃尔·罗比雄（Joël Robuchon）、贝尔纳·帕科（Bernard Pacaud）、贝尔纳·卢瓦索（Bernard Loiseau）的对话，尤其清楚具现了法国和日本，甚至可说是西方和东方的料理思维对比（比方，日本料理是"水"的料理，法国料理是"火"的料理），同样值得一读。

前言

　　所谓做料理，就像是走进偌大的森林，进入森林后为了找寻出口前进，一路上也许会遇到志同道合的朋友，偶尔结伴同行；时而有大石挡住去路，时而迷失方向。而我们则是在料理的房间里前进，森林和料理的房间还是有差异的，虽然两者都会有人引导到出口附近，但是料理的门最终还是得靠自己的双手推开它。如果想以做料理为目标的话，其实是取决于对于任何相关的事物究竟能不能很明确地用自己的意思表现，或是如何可以很精确地表达自己的想法。

　　这种标准，从古至今没有任何的改变。

　　简单说，料理界的三大定律就是仔细看、注意听、审慎思考。

　　第二部分"名师的金玉良言"记录了各位料理名家的

所见所闻和思考心得，再加上具体的参考实例进行说明。第一部分"料理的思考模式"，则是我本人多年来在料理场中的所思所想，如能对现在投身料理界的后进们有所帮助，将是我最大的荣幸。

能够在物资富饶的德岛，将受过鸣门海峡激流漩涡千锤百炼的鲷鱼做成料理，是我此生最大的幸福。今后得更加努力才行。

1996 年 11 月 小山裕久

楔子

大部分的料理人，生涯中有大半时间都是在厨房度过的。所以，也可以说厨房就是他们的人生舞台。生命中的喜悦、悲伤，甚至连自身的修养，都在厨房里体会与磨炼。同样地，我的大半人生也投注在厨房。

现在，很多年轻人，为了追求自我存在的价值，决心投身料理的世界，或打算投石问路。老实说，这种追求自我实现的字眼，对我这个年代的人来说，听了多少让人有些不舒服。

我这个年代的料理人，会踏进这个世界的动机和现在的年轻人是不同的。我们学习一技之长是为了养家糊口，结果让自己变成了料理人。因此，我们没有选择工作内容的权利，也就是说，只要跟料理有关的技能，不管是什么都非学不可，要是学不会，师父或师兄就会大发雷霆，而且是一发不可收拾。因此，脑海中拼命想着的只是和料理相关的事，根本没有心思去考虑其他的。

不过，换个角度去思考，这应该也算是跟别人之间的互动。去思考别人究竟想要从自己这里得到什么，什么样的东西用怎样的表现方式最容易被别人接受，该怎么做才能让大家都开心，等等。每天进行这样的思考，也是增进自身修为的一种方式。

这本书其实只是将料理人在学习过程中经过不断思考的所得集结成册，换句话说，只能算是日本料理的参考书籍。然而，与此同时，日本料理在世界舞台上扮演越来越受注目的角色，我相信在本书中多少可以看出一些端倪。

过去，法国政府曾授予我"法国农事功劳勋章"，这代表着我在海外推广日本料理的工作得到注重饮食文化的法国政府认同，这点着实让我欣喜不已。说得更具体一点，就是不使用一点油，却一样可以呈现食物的美味，这种被我视为珍宝的烹饪技术，可以说已经受到相当程度的注目。

另外，其他国家之所以开始注意日本料理，原因无他，就在于日本料理的"本身"。这应该也可以说是他们已经认同日本的饮食文化。

对于日本这个国家的人民而言，如果说他们的主要饮食是日本料理，那么日本料理当然就可以算是日本的"国技"。正因为如此，我希望能让更多的人更深一层地了解到日本的国技。

　　——现在，我心里有着强烈的使命感。

壹

料理的思考模式

日本料理究竟是什么？

日本料理究竟是通过怎样的发想和技术才能完成的东西？

如果想要很有效率地学习料理功夫，这样的理论应该会成为关键。

从二十几年前开始学习日本料理，一直到今日，我抱持着同样一个信念：做日本料理靠的不是情绪，而是要掌握功能性的元素。

因此，对于属于数字时代产物的年轻人，我认为有必要先弄清楚这点。

接下来，我打算把我这个世代的想法分成十二个单元，做详细的说明。

真正想要认识日本料理、学习日本料理的年轻人，我希望能够通过接下来的内容，跟大家一起思考该如何看待每个事物、如何实践才是上策的课题。

一　领会日本料理的真实面貌

正因为日本料理很简单反而变得更难做

首先，大家先从整体面来想想日本料理。

跟法国料理相比，日本料理的制作过程比较单纯。不管是做生鱼片、烧烤，还是烹调烩煮，从开始料理到完成上菜，所需要的料理工序通常不太多。比方说，以最基本的日式高汤和肉汁清汤来做个比较。日式高汤通常是以昆布和柴鱼片熬煮而成，不需要耗费太久的时间。但是肉汁清汤则是集合了动物的骨头、肉、青菜、香料，还要添加数种调味料，所需要的时间和功夫都相当繁复。虽然两者都是很棒的汤，不过如果要把制作过程的繁琐程度加以比较的话，两者之间可以说是天壤之别。

另外，就是因为日本料理制作过程简单，所以很难看出料理者的个人特色，就好比鲷鱼的切片方式、天妇罗的做法、炖煮萝卜的方式。当然，每个厨师做好的成品或多或少有些不同，但是如果从制作程序来看的话，不管是哪家店，我想几乎都是用相同的方式切鱼、炖煮萝卜。

换句话说，日本料理可以说是相当"简单"的料理。就因为结构很单纯，料理人只要学会料理的基本功，就能够做日本料理，而且还可以做得有声有色。但是也可以说，正是如此，才让日本料理显得更困难。当然，如同前面所说的，只要能了解日本料理制作过程的顺序然后再照着做就可以了，从这样的角度来评价，日本料理还真的是很简单。然而，身为专业日本料理师傅所做出来的日本料理，不应该只是这种程度。

这也就是我为什么会觉得"正因为日本料理很简单反而变得更难做"。

每一个步骤都不容许失误

接下来，如果从专业的角度来看日本料理的难度，可以从两方面来讨论。

第一，由于步骤很单纯，所以每一个细节的质量都必须有一定的水平。也就是说任何的偷工减料都是不被容许的。

举例来说，如果是使用多种绘画工具进行多层次上色的画作，其中有一条线画错，或是一个颜色上错，都还有机会弥补。但是，如果是写书法，就没机会做任何的补救。换句话说，执笔者所有的才能都寄托在那支笔上，而且是一次定输赢。不过，就算用的是同一支笔、同样的墨汁，写着同样的字，写出来的"字"却是各家不同，优劣立见。差别在于写出来的是"可以识别的字"，还是"漂亮的字"，或是"可以让人感动的字"。同样地，即使是相同的"切片"工序也是大有学问，只是单纯把鱼"切成小片"的手法，和不破坏鱼肉本身的纤维、保留鱼肉本身光泽的"切生鱼片"刀工，绝对是截然不同的层次。

因此，日本料理的学习功夫，首先强调的就是肌肉的训练。就好像是刚开始练习书法的时候，必须要反复练习写"一"。换句话说，就是要练好基本功。

如果想成为一个料理人，首先一定要让自己有个目标，就是能够把"字"写好。学习之初得想办法学会使用菜刀。就算是做员工伙食，手上握着菜刀的时候，也必须常常思考手腕的角度，肩膀的高度，想象自己切萝卜丝的时候，或是切鱼片时，就连宰杀鳝鱼、处理鱼鳍，都必须随时保持与菜刀对决的心情，才有可能随心所欲地使用菜刀。换句话说，首先要让不可能的事情变成可能，才能进一步谈到追求质量的提升。也就是要达到前面所提到的，练习写出"漂亮的字"。

接下来，经过辛苦练习所切好的萝卜丝，对"生鱼片"这道料理来说是很重要的配角，这点请大家千万要记住。日本料理，正由于结构简单，所以对每个组成分子的质量都有相当程度的要求。因此，不管是切萝卜丝、磨山葵，还是炒芝麻，如果小看这些步骤，认为这些只要随便做做就好的话，可就大错特错了。这绝对不是只在玩文字游戏，相反，这些步骤会很直接地影响到料理的质量。就算是再小的细节，一旦做了就没办法更改，也不可能通过别的食材加以掩盖。换句话说，每一项配料的质量就是整体料理的质量，这就是所谓的日本料理。

也就是说，不管担任怎样的角色，能够清楚地认知到自己职务的重要性，可以说是料理的出发点。简单来说，如同思考究竟该怎么切的"刀工"一样，该怎么研磨、该怎么煎等题目都可以自己设定，加强训练，提高自己的实力，才能算是工作的起点。

难度在于无法感受到自己的明显进步

如果只是要会写"字"，那么只要努力就可以达成。经过三四年的努力，大概就能把基本功练好。随着时间的累积，原本不会的部分也都会慢慢掌握。这就好像学骑脚踏车一样，一旦学会了，就一辈子都不会忘记，也就是说，只要能学会诀窍，终生都受用不尽。

不过，问题在于学会之后。

如果要以基本功为主，那么接下来该锁定什么样的目标呢？所谓的日本料理，不管是第三年还是第十年的学徒，工作的内容其实几乎都是相同的。十年，甚至二十年，做的还是重复切萝卜丝、炒芝麻、熬高汤、切生鱼片的工作。换句话说，除了上述的基本功之外，并没有其他特别的技术，也没办法找出很明确的目标，比方说"下次希望可以学会这个"。

然而，真正的修炼从这里才开始。从自己学会切萝卜丝的那个时间点开始，已经没办法再去感受到那种刚学会的喜悦，也不再有第一次听到师兄判定自己宰杀鳝鱼、处理鱼鳍合格时的感动。事实上，已经无法再完成显而易见的进步。渐渐地在每一个平淡的日子中，必须为自己不断重复的工作设定目标。

就像前面所提到的，日本料理的另一个难点就在这里。也就是获得最初的喜悦之后，下一次的喜悦却迟迟感受不到。换句话说，想要达成下一个目标"可以让人感动的字"，看起来遥遥无期，因此会让人觉得很难掌握当下究竟该锁定怎样的方向。不过，即使在这样的状况下，仍然必须维持一定的注意力。就像运动，陷入进步停滞期的时候，要持续努力会变得让人更吃不消。然而，这点却是非常重要的。

设定能够有效运用自身环境的目标

正因为日本料理所代表的就是每一个小细节的质量，所以只要学会一技之长，不断地反复练习提升质量，就是下一个学习的目标。

其中有一项就是正视每次的经验。举例来说，相较于一个每天切十人份生鱼片的人，每天切三百人份生鱼片的人，不用说，他的刀工熟练的可能性一定比较高。然而，也不能说只要经验多就是好。

既然是谈日本料理，我们就从熬高汤这点来看。想要每天熬出一样的高汤，基本上是不可能的。即使是用相同的材料去熬同样分量的高汤，今天的汤和昨天的汤一定会有些不同。自己熬的高汤和别人熬的高汤也会不一样。究竟，今天的做法和昨天有什么地方不一样？或是别人的做法和自己的有什么不同？这些差异点都可以成为自己日后检讨改进的参考。换句话说，熬一百次高汤就可以累积一百次的数据。想熬制出自己独特的高汤，这些数据都会是最好的参考。相反，如果没办法从每次熬的高汤中得到启示，就算熬一百次也一样没有任何效果。料理这种东西，并不是做习惯了就能做得好吃。

因此，数据的累积也可以当作是学习的目标。举例来说，萝卜切丝之后，可以试着咬咬看剩下的部分。另外，如果是熬高汤，添加柴鱼片两秒钟后、三秒钟后、五秒钟后，所呈现出来的色泽、香气和味道，都各有不同。如果能将每一个阶段会产生怎样的结果都记录下来，直到有一天，只要一闻到高汤的气味，就可以清楚地掌握高汤熬煮的状态。此外，如果想要调制某种特定的味道，就可以推算出究竟该用多少分量、熬多久的时间，结果应该不会差距太远。

再者，所谓的尝味道，大多数的人都只会在刚做好料理时去确认味道，其实在料理过程中尝味道是更重要的。比方说，去确认烫熟的萝卜味道没有太大的意义，要试的应该是添加高汤、调味之后的味道，这样的数据才是有参考价值的。如果能把这样的步骤养成习惯，就能学会如何搭配所使用的食材去调整高汤的浓度，以及调味料用量的增减。

　　每天一成不变的工作内容中其实可以找到许多自我磨炼的题目。当然，每个人的工作环境不尽相同。也许是大型的中央厨房、小店的厨房、愿意将厨房交给年轻厨师打理的店铺，或是倚重名师的餐厅，但是自我磨炼的本质是不会改变的。首先，观察周遭的环境，从自己所处的立场出发，思考现在究竟该做什么才是最有效的。因为不管是谁，都是以眼前看得见的目标为起点的。

二 菜单的准备功夫

料理的先后顺序该如何安排

菜单通常都是从前菜开始的。

每家餐厅的菜单设计各有不同，有些餐厅的菜单一开始会先介绍"开胃菜"、"开胃小品"，或是在"开胃菜"之后再介绍"前菜"，有很多种排列方式。当然，我并不打算针对这些用语的意思或是安排的形式做任何评论。我想要强调的是，不管是怎样的用语或是安排顺序，其实都代表着同一个意义——"启动菜单的料理"。接下来，我统一以"前菜"这个名词来说明。

不管是炖煮的菜色、生鱼片，还是烧烤的料理，根据不同的食材，所使用的烹调方法都有固定的方式。相较于此，前菜的做法倒是没有太多的限制。但是，虽然如此，究竟该怎么安排菜色的先后顺序，如果心里没有底，整个料理的内容便无法确定。另外，如果不能事先掌握究竟是怎么样的客人在怎么样的状况下来用餐，也就无法决定料理的形式。

因此，前菜等于是为料理打头阵，让客人借由此菜色，对之后上来的料理抱持着期待感。就因为如此，客人应该可以从前菜所展现出来的氛围，去想象整体菜单所要呈现的风格。正在努力学习料理的各位读者，终有一天要自己设计菜单，因此，从现在就得开始好好准备才行。

要诀是第一道菜绝对不能让客人等

菜单中的第一道菜究竟该是什么？对于刚进厨房一两年的年轻学徒来说，应该也可以察觉到最好是"适合下酒、让客人感觉到季节感、不需要花太久时间就可以端上桌"的料理。此外，还得考虑到客人的座位，如果是坐在对面式吧台的客人该上怎样的前菜，对于一般包厢的客人又该提供怎样的前菜，宴席的前菜又该如何安排。依据不同的情况，对于前菜都会有不同的期待。简单来说，随性走进一家店坐在吧台的客人，以及走进店门再经过长长的走廊到包厢坐下的客人，面对包厢里的挂轴、花饰，他们对料理的要求绝对不一样，即使是相同的料理也会因用餐者的心态不同而产生截然不同的感受。因此，提供料理的人就必须从用餐的场合和时间的变化这两方面来进行判断。

首先，如果是对面式吧台，最好是客人一坐下就送上小菜，再开口询问客人"今天想要吃什么呢"，这样的时间安排应该是最恰当的。有的餐厅会迅速将已经准备好的两三种菜色装盘端给客人，也有的餐厅会先上一道腌海参肠之类的现成小菜，接着再准备一两样现做的拌菜陆续端上桌。对客人来说，店家不应该让坐在对面式吧台位置的客人闲得没事做。姑且不论客人有没有先预约，但是料理师傅就站在他们面前，能迅速上菜是很重要的前提。

另外，前菜不算是正规的料理，因此不须太强调本身的色彩。与其提供很豪华的菜品，还不如选择菜色简单但是别具滋味的料理。分量方面则以浅尝为原则，若是一开始就端出分量厚实的料理，就好像出拳太重，客人对于接下来提供的细致料理反而无法好好品味。

个人觉得最好的前菜，应该是入口时可以感觉到强烈的风味，却不会影响接下来的食欲，留下的只是清爽的口感。比方说，酱烫鸭儿芹就是不错的选择。虽然只是很简单的烫青菜，而且一般家庭主妇也会做，甚至还有些小酒馆拿来当下酒菜，不过即使如此，只要能够充分发挥鸭儿芹的细腻美味，也绝对是一道可以拿来当作餐厅前菜的料理。

为什么我会这样觉得呢？首先来思考，究竟什么是鸭儿芹的美味？鸭儿芹本身的味道并不强烈，特点在于香气以及爽脆的口感。为了展现这样的特点，火候最好是"外层稍微烫过但中间还是生的"，而且这样的状态还得持续到客人品尝的时候。鸭儿芹算是很嫩的叶菜，只要一眨眼的工夫就能烫熟。因此只能用热水焯一下，就得马上用冰水浸泡，阻挡余热让鸭儿芹过熟。充分沥干多余的水分之后，以高汤浸泡入味，之后再添加山葵酱油和海苔调味。最重要的就是火候和新鲜度。起锅超过十分钟后，原本刻意保留的香味和口感就消失了。如果放置超过一小时，那就是谁都会做的水煮青菜。

越纤细的食材，美味保存的高峰期就越短，正因为如此，要争取短暂的高峰期，这样的料理或许可说是最适合对面式吧台的前菜。火候控制得恰到好处的鸭儿芹搭配味道鲜美的高汤、现磨的山葵、现烤的海苔。就是运用这种强调现做的组合，让客人品尝鲜美蔬菜，同时也能被这样的风味所感动。

用前菜"争取时间"的说法

　　但是，这样的前菜可以提供给坐在包厢的客人吗？这倒不一定。有些时候会觉得"只是鸭儿芹会显得有些单调，搭配点鱼子酱"，也有些场合会让人觉得单是鸭儿芹不合适当前菜。

　　会产生这种不同的意见，主要是对面式吧台和包厢座位，不管是空间的配置还是时间上都有相当大的不同。

　　在包厢座位里，客人很优雅地坐在桌前，会仔细检视每一道菜色。因此，店家所提供的料理就必须够精致，还得有一定的分量。而且，座位的安排、餐具的设计和风格，以及所呈现出来的搭配，会让人觉得"如果不用高级食材就太不成体统"，或是相反的"运用简单的蔬菜反而能更有效果"等等。换句话说，需要考虑的因素相对来说增加了许多。

　　再者，服务也是需要时间的。比方说，包厢离厨房的距离越远，客人越多，店家想要传达现做料理的美味会变得越困难。从厨房端出菜肴，来到客人的包厢门口，跪着拉开纸门，进到包厢内，再将料理一一送到客人的面前，要进行的步骤相当多，对于精致的小点，想要上完一道收掉再送下一道，现实生活中是根本不可能做到的。

　　因此，许多人都开始认同"用前菜争取时间"的说法。对料理师傅来说，前菜之后的"炖煮料理"和"生鱼片"，通常是他们最在乎的菜肴。在情况允许的范围内，他们希望能够让客人品尝到刚起锅的高汤和现切的生鱼片。因此，需要利用客人享用前菜的时间进行准备工作。简单来说，如果客人很快就用完前菜，会让料理师傅手忙脚乱。为了争取足够的时间，准备前菜的时候，就必须算好分量以及菜肴的内容。

宴席的前菜——豪华的印象是决定胜负的关键

另一方面，如果是人数比较多的宴席，情况又有所不同。这样的客人对料理本身反而不是那么在意，身为料理人最好要有心理准备。参加宴席的客人，通常得忙着跟其他宾客打招呼、敬酒，有很多其他的事会让他们分心，他们往往不会太注意宴席上菜色究竟如何，也不会太在意料理的味道。因此，宴席里所提供的菜色必须要让人惊艳，包括所使用的器皿，可以选择富丽堂皇的食器，再加上使用高级食材所营造出的震撼滋味，将简单的美好味道提供给参加宴席的宾客。

此外，"争取时间"也是相当重要的要素。以我本人为例，端出前菜之后，希望客人会花十五分钟去品尝那些料理。附带一提，在我的店里，如果有二十人以上的宴会时，通常会准备八样前菜，让来参加宴会的宾客可以先享用不同的"开胃菜"。

有一点要提醒的是，宴会刚开始的时候，宾客脱下的外套要放哪里，这桌要喝日本酒那桌喝啤酒，另外的宾客要喝什么等等，这些都会让店家忙得不可开交。为了避免不必要的错误，减少对宾客的打扰，最好是能够一次就把前菜都送上桌，这样一来就可以有比较充裕的时间准备下一道菜肴。此外，宴席一开始，大家通常都会举杯以活跃气氛，有"为了某种理由举杯庆贺"等等各式各样的名目，场面往往比较混乱，在这样的情况下，店员穿梭其间几次三番上菜、撤盘子，实在不是什么上策。

在这样的状况下，前菜如果太过简单，就有可能会发生主桌已经吃完了，其他桌的前菜却还来不及上的情形。碰到这种情况，站在店家的立场，只能以主客为首要考虑，即使其他桌的菜肴还来不及上，主桌出菜的时机也不能耽搁。而且，这种情况所产生的时间差，绝对会持续到宴席的最后。这对宴会的流程和厨房的安排都是不利的，因此，即使多少牺牲一点料理现做现吃的"新鲜度"，也应该将事先做好万全准备的华丽而丰富的菜品呈上。

菜单——料理、时间、空间三者的立体组合

前面所说的毕竟是理想化的内容，现实中，如果包厢里的客人人数不多，也可以考虑采用提供给对面式吧台客人相同的前菜。换个角度来说，搞不好也有些店家会逆向思考，将适合包厢座位享用的菜色提供给对面式吧台客人。究竟要不要把酱烫鸭儿芹当作前菜，得根据不同的情况来决定。最要紧的是清楚地掌握客人对前菜的评价，谁做的前菜、怎么样提供服务、客人用怎样的心情享用，以及他们对接下来的菜肴有着怎样的印象，料理人应该事前在心中模拟这些状况，然后才能决定菜单。

所谓的美味，应该不只是靠舌头来感觉。如果客人很饿的时候还让他们等待，再可口的食物也会变得不好吃。让人震撼的美味，如果连番上阵，也不容易让人印象深刻。菜单既不是食材、料理手法和季节感的机械组合，也不是固定形式和华丽描述的简单罗列，而是一份让客人感受饮食喜悦的计划书，不单单只是器皿中的食材，还要包括时间的变化、空间的运用所构成的立体组合。对料理人来说，必须在脑海中描绘出实际场景，才能够想出最合适的菜单。

年轻的料理人，如果有机会担任送菜的工作，一定要把客人用餐时的各种场景转换成视觉记忆。比方说，六位客人挤在两坪大包厢的场景，或是坐在贵宾室的四位宾客，食器的使用方式该如何变化，三十岁的客人和七十岁的客人，对食物和饮料的要求又会有何不同，这些细节都要牢记在心。有朝一日，当自己有机会设计菜单的时候，应该就能以这些为基础设想出多种不同的变化与安排。

三　高汤的制作

高汤的作用在于"原始风味"和"调理提味"

很多人都说高汤是日本料理的命脉。说得绝对点，高汤可以说是日本料理中不可或缺的重要元素。不仅对"汤品"来说，高汤是绝对不能少的基本，几乎所有的料理都需要高汤来提味。比方说，酱烫鸭儿芹、炖煮青菜、煎蛋卷等等，就连酱汁类的土佐醋都要添加高汤。简单说，没有高汤就没办法做日本料理。高汤几乎是所有料理的基础，因此可说是日本料理的"幕后英雄"。也因此，如果高汤的质量不出色，想要做出美味的菜肴是完全不可能的。

所谓的高汤，可以分为第一锅高汤和第二锅高汤两种。第一锅高汤指的是可以拿来当成清汤的汤，第二锅高汤则是用来炖煮青菜、调味的汤。一般来说，制作高汤的方法通常是将昆布浸泡出味之后再开火煮，等水滚之后加入柴鱼片，就完成了所谓的第一锅高汤。接着，将使用过的昆布和柴鱼片加水熬煮，适量补充昆布和柴鱼片以增添风味，这就是第二锅高汤。

不过，对于"第一锅"、"第二锅"这样的用词，得特别注意才行。因为，这种说法很容易让人觉得最美味的是"第一锅高汤"，而"第二锅高汤"则是质量比较差的汤。或者是让人有种错觉，认为第一锅高汤用的是"真材实料"的高档食材，而这些食材丢掉太浪费因此回收再利用，所以称之为第二锅高汤——不知道各位读者是否也有这样的感觉。

在自己的店里，我不用第一锅、第二锅的称呼，用的是"煮汤用的高汤"和"调理菜肴的高汤"，也就是说这两种汤有各自不同的使命。用途不同，要表现的风味自然也不一样，所以熬煮的方式也会有所不同。换句话说，第二锅高汤并不是第一锅高汤用剩的次级品，尽管如此，然而大家都习惯用第一锅、第二锅这样的称呼，很容易就让人产生第二锅高汤为次级品的错觉，而许多料理人也不知不觉中疏忽了第二锅高汤的重要性，变得将所有焦点都放在第一锅高汤上，对第二锅高汤的制作掉以轻心，因此，最好是根据不同的用途给予明确的称呼。

那么，究竟这两种高汤的定位应该是怎样的？正好利用这个机会确认一下。

就我个人的认知来说，煮汤用的高汤最重要的是"原始风味"，而调理菜肴的高汤则要强调"调理提味"。

针对煮汤这件事来说，汤本身就是"料理"。客人享用的就是汤本身，因此必须掌握昆布和柴鱼片的滋味，熬煮出两者最鲜甜的部分，在两者之间找到绝妙的搭配组合。此外，汤的分量通常不会太少，如果高汤的风味太浓，残留在口中久久不散，反而会影响客人对后续料理的品尝。换句话说，清汤的最高境界在于入口香醇又没有太多的负担。一般来说，熬煮高汤的时候，加入柴鱼片轻涮一下就可以捞起来，如此一来汤的滋味和风味都能保留最原始的鲜甜。

另一方面，调理菜肴的高汤则是属于幕后英雄，主要是衬托食材本身的味道，相较于瞬间的强烈震撼，能够完全释放食材本身的滋味和增添芳香才是必要的。因此，熬煮昆布和柴鱼片时，要经过一定时间的炖煮，让昆布和柴鱼片的精华都融入汤里。虽然调理菜肴的高汤不如煮汤用的高汤那么可口，却是能够完全释放食材本身滋味的汤。

不可能煮出相同的高汤

接下来，我想从不同的角度来研究煮汤用的高汤。

这里所说的煮汤用的高汤，也就是所谓第一锅高汤，也可以说是日本料理中最具代表性的存在。本章一开始，我就说过"因为日本料理很简单反而变得更难做"，而这其中最具代表性的应该就是高汤的熬煮。将昆布浸泡出味之后再加入柴鱼片，说实话制作过程算相当简单，而且很容易。然而，等到自己真的动手熬煮，才发现没有固定的规范反而难做，只要些许的改变，就会让结果变得截然不同，甚至可以说高汤的味道每一次都是不同的。

冲泡红茶的时候，我总是觉得"这跟煮高汤没两样"。就算茶叶的量和水量都一样，还是会因冲泡过程的不同而产生微妙的差异。比方说，湿度、水温的差异，喝茶的杯子是不是先温过，都可能影响到茶的香味，或是体会茶叶的甘味之前先感到苦味。当然，水质、煮水的方式、茶叶滤网的状态，对泡茶都会产生影响，高汤也是一样。

柴鱼片是种很特别的食材，每一条鱼都有不一样的滋味。质量当然有影响，鱼背上的黑肉部分是否使用、刨片的方式、刨片之后放入的时间等等，都是影响因素。另外，即使是同一块昆布，也会分是靠近根部，还是中央部分，或是顶端部分，这些都会影响高汤的风味和熬煮时间。还有，熬煮高汤时的火候和熬煮的时间也都是变量。

光是熬煮昆布就已经很麻烦，再加上柴鱼片，会让整个过程变得更难掌控，而且还得确切地找到绝妙的搭配组合……越了解昆布的特性和柴鱼片的多变性，就越会发现熬煮高汤是件多么困难的事。

刚开始学做料理的时候，即使曾经被高汤的风味所感动，却从没想过熬煮高汤会这么困难。然而，随着自己渐渐了解到工作的真谛，察觉到每天所熬煮的高汤都是不一样的，总算能够开始想象属于自己的滋味时，才真正意识到究竟该选择什么样的材料，该如何使用才能达到最接近自己理想的状况。此后就是在反复试验中不断摸索的过程了。

最初我给自己设定的目标，是准备要熬煮口味醇厚的高汤。我想做的不是那种味道清淡的高汤，而是那种让人喝一口就会直觉"真好喝"的汤。虽然口味重，却不可以让客人觉得负担太重或是苦涩，要做到这点，最难掌握的就是柴鱼片的熬煮方法。如果把柴鱼片放在滚水里浸泡久一点让汤入味，却也很容易把苦味和酸味煮出来，因此这个方法不可行。再者，想要增加柴鱼片的分量也是不行的。这是因为不管熬煮的时间有多短，柴鱼片的汤汁都会带点苦味和酸味，所以增加分量虽然可以让口味变重，但是也会使原本的缺点变得更明显。接下来，我想针对柴鱼片的优缺点做个简单的比较。

事实上，柴鱼片的味道不是单一的，掺杂了甜、酸、苦、涩各种滋味。根据我本人的经验，将柴鱼片放入热水的瞬间，这些味道并不是立刻全部跑出来。比方说，我自己所用的柴鱼片，刚开始会释放出很棒的甘甜味，但是很快苦味就会跑出来。因此，如果能够只吸收甘甜的精华，然后在苦味显现之前结束作业，应该是最好的处理方式。不过，对于薄如蝉翼的柴鱼片来说，释放味道的速度相当快，因此甘甜味与苦味之间的时间差几乎是零。因此，有个小诀窍，那就是尽可能将柴鱼片刨得厚一点。将这种比较厚的柴鱼片大量地放入汤中轻涮一下就捞起，这样一来将可增添高汤的美味。听起来好像很简单，可这是足足花了我五年的时间才找到的方法。

高汤的关键在于水质

我之所以会谈到这个方法，并不是希望大家来仿效。毕竟这只是根据我个人状况所得到的结果，而且只是其中的一个小环节，还关系到食材的挑选、处理，水质，火候的控制，昆布和柴鱼片的配合等等。最终，每个料理人必须根据自身的条件，找到属于自己的高汤，我想强调的其实是这个重点。

高汤的难度——和前面所提到的日本料理的难度是类似的，最大的关键就在于材料的质量。高汤最大的材料就是水，一般来说，水质的好坏会直接影响高汤的味道。除此之外，柴鱼片的质量也可以说有决定性的影响。

虽然这些都是不可磨灭的事实，但是就算用了最好的柴鱼片，也不能保证就一定可以做出好的日本料理。对于不同的餐厅，消费者所要求的料理和价格也各有不同，因此，身为主厨，就不得不整合所有的条件，考虑出最具经济效益的方案。

我不认为只有使用高级食材的料理人才算有完整的学徒生涯。当然，能够使用高级食材的料理人是很幸福的，不过，更重要的是该如何度过每一天。所谓的学徒生涯，其实也包括"每天做相同事务的喜悦"。如果读者是担任熬煮高汤的料理师傅，不妨在可能的范围里尝试各式各样的变化。试着今天比昨天多加一点昆布，明天用冷水来泡昆布，后天等到水差不多滚了再加昆布，或者稍微改变一点柴鱼片的分量等等的变化；或者思考一下用刚开封的柴鱼片所煮的高汤和已经开封三天的柴鱼片所煮出来的汤，又会有怎样的不同；如果改变了柴鱼片的分量，这样一来与昆布之间的组合又会产生怎样的变化；刚刚煮好的高汤跟煮好十分钟的高汤，味道又会有怎样的改变。利用这样的比较，刻意让舌头去品尝不同的味道，收集各种不同的资料。

再以这些数据为基础，掌握自己所使用的工具（昆布和柴鱼片）的性格。等到能够得心应手之后，就算自己置身于其他的条件下，被赋予别的新工具时，应该也能很快地掌握新工具的特性。总有一天会找到属于自己的味道。究竟自己想要的是什么？为了这个目标该怎么做？应该可以逐渐找到答案。

许多致力学习料理的人只是一味学习名师的做法，但是却找不到属于自己的味道。与其花时间去钻研锅里剩余的汤汁，试喝主厨所煮的汤，品尝前辈的调味，还不如花时间去确认自己所做的事是否正确，这样对自己的成长才是有帮助的。

四　如何讲究刀工

通过刀工进行烹调

刀工是料理中最基本的功夫。直截了当地说，就是把大的东西变小，这在任何国家的料理中都没有什么不同。然而，对日本料理来说，却不只是单纯地"把东西分成小块"。所谓的"刀工"，是通过料理人的技术，让食材提升到"更为美味的状态"。也就是说刀工本身就是烹调的手法之一。

拿刀切这件事，看起来是谁都会的简单操作，事实上却隐藏着许多难点。接下来，想针对日本料理的刀工跟大家分享我的经验。

为了让食材更为美味得靠刀工——这句话其实是有很

多含义的。

　　首先最重要的前提是食物的大小，让人毫不犹豫地将食物送进嘴里而感到美味的大小。以人体工学来说，最好就是一口的大小，也就是三至三点五厘米，如果以古早的尺寸来说，刚好是一寸。这应该可以说是刀工的原点。

　　另外，刀工也有着可以控制口感和滋味的意义。比方说，想炖煮带皮的茄子，炖煮之前，先用刀将茄子整齐地划开数刀，外皮在炖煮之后不会裂开而显得更美观，而且通过事先切开茄子的外皮，不仅可以保留原本外皮的口感，还可以让外皮变得入口即化，茄子的松软也会在口腔中蔓延。也就是说，通过刀工，连口感都可以改变。另外，如果想把萝卜或是冬瓜煮得更软更入味，也可以利用这种隐形刀工。相信大家应该都已经了解，有切口比较容易熟透，而且也比较容易入味。

　　像这样，切菜虽然是看似不经意的每日例行工作，却可以影响食材的滋味，最好的例证就是生鱼片。

没有"因为是生的就叫生鱼片"这么简单的事

　　即使是将同样的鱼切成小片，依切片的人和使用的刀有所不同，也会变成截然不同的料理。

料理名师所切的生鱼片，每一片鱼肉的切口晶莹剔透，上桌一段时间后，仍是弹性十足。一般人切的生鱼片，常常会从切口开始失水，让鱼肉流失原本的鲜美。还有，料理名师切的鲔鱼片看起来色泽明亮，而一般人切的鲔鱼片则会氧化变黑，水分逐渐流失。萝卜切丝也是一样，有些师傅切的萝卜丝能够保留萝卜本身的爽脆，富含水分，看起来晶莹剔透，但是也有些人切的萝卜丝容易出水，颜色死白缺少透明度，或是被酱油渗透成黑色。为什么会有这些状况，应该就在于刀工的高下。

首先，大家可以思考一下刀工究竟指的是什么？简单来说，就是把食材本身的组织切断。然而，切断的方式有很多种，究竟是应该顺着纹理做最小范围的切片，还是该多用点力做大面积的割切？这两种方式究竟哪一种对鱼肉的组织伤害比较少，相信大家都心里有数。如果只是切片，让组织的伤口减到最低，便不会流失过多的水分和美味，生鱼片比较容易维持肉质的鲜嫩，保留鱼肉的光泽。相反，如果是用割切，就会造成鱼肉纹理的破坏，而且，鱼肉的水分和精华都会由切口处流失，很容易缺乏弹性，看起来不可口。

也许会有人觉得，使用切生鱼片的刀切鱼，就算学习的时间再短，应该都不会产生"割切"的情况。然而即使从字面上来看说是用刀切鱼，却不见得指的就是单纯的拿刀切。通过细微的观察会发现，有些时候看起来是切片的做法实际上是割切。具体来说，为了不对鱼肉的纹理施加任何不必要的力量，必须要有够格的刀和一定的技术。举个简单明了的例子，就是大家所惯用的双面刃。

大家应该都很清楚，日本料理所用的刀通常是单面刃，使用上比较不容易找到平衡点，但是刀尖的角度比较小，刀锋相当锐利。相对于此，一般家庭里所使用的菜刀，是法国料理店广泛使用的双面刃，下刀时两面同时受力，比单面刃要容易切，不过锐利度上就不如单面刃了。比较精确地来分析，使用双面刃切鱼，就像是先在鱼肉上做一个印记，然后要把这个印记刻入鱼肉的纹理，利用刻印的力道将鱼肉的纹理截断。从结果来看的确是把鱼肉切片，但是仔细分析，这样的切法不是顺势将纤维切断，而是施加力道将纤维割断。当然，鱼肉本身的水分和美味也都会从这个断面开始流失。

说句题外话，法国料理中有种做法，就是将鱼切薄片再用卤汁浸泡，有点类似沙拉的料理。对法国人来说，因为用的是生鱼，搞不好会觉得这也可以称为生鱼片，不过从本质上来看，这跟生鱼片是截然不同的料理。

为什么我会这么说呢？首先，用卤汁浸泡这种做法，跟生鱼片的要求可以说是完全相反的。所谓用卤汁浸泡，就是要让食材吸收调味料的滋味，换句话说，就是要先让食材的水分排出，使用双面刃其实也是同样的意思。然而，生鱼片这道料理却是得想尽办法保留住食材的美味和水分，切片的时候得尽量不让调味料浸染到食材。为了达到这样的目标，就得利用非常锐利的单面刃，磨炼自身的刀工，尽可能降低切片时必然会产生的纤维损伤。料理名家使用柳叶刀所切出的生鱼片，蘸酱油之后，酱油只会包覆表面，即使渗入鱼肉也有限度，不会完全渗入。这点，是双面刃绝对无法达成的。

总而言之，绝对没有"因为是生的就叫生鱼片"这么简单的事。生鱼片是必须要有相当程度的刀工才可能完成的一道料理，任何一个想要从事料理的人都必须要有这样的自觉，所有的学习都是从这里开始的。

不是单纯的"切"而是要"会切"

接着，把话题转回主题。

即使手边有再锐利的刀，想要切出合格的生鱼片还是必须要有相当的技术和经验才有可能做到。想跟大家探讨一下切生鱼片时刀刃的两种使用方法，一是针对食材的厚度（上→下）决定下刀的方向，二是使用长刀时（前→后）刀刃滑曳的方向，生鱼片是否好吃就得看这两种刀法的组合是否绝妙。

所谓的滑刀功夫（前→后），其实就是利用刀刃滑曳的时间来进行切片。总而言之，如果要切的鱼肉大小相同，垂直（上→下）切片的时间一定是最短的。当然也可以采用滑刀，以刀刃滑曳十到二十厘米进行切片。简单来说，滑曳的距离越长，就等于用越锋利的刀刃切片。距离越长，从下刀的那一刻到切完所需的时间就越长，这样一来，就可降低刀刃对鱼肉的压力，不用刻意施加压力也可轻松将鱼肉切断。

特别是鲷鱼这种鱼肉黏度高、弹性佳的种类，要怎么样切片才能保持鱼肉的光泽度，需要一定程度的切片时间，必须充分利用刀刃的长度，采用滑刀的功夫，说是切片，但精确地说是下刀之后所有的过程一气呵成。也就是说，当刀刃一接触到鱼肉，如果能从下刀处就自然而然地切，最佳状态是让整个过程有如行云流水。若是不依循原本自然产生的速度却加快切片时间，擅自施加不必要的力道，就会变成所谓的"割切"。

整体来说，怎样因应食材不同而调整下刀的角度和刀刃滑曳的距离，如何掌握不必要施加的力道，让刀刃自然推进，就是刀工的精华所在。换句话说，料理的工作交给素材和刀刃决定，自己的手只要跟着就可以了，做到了这点，应该就可以达到"刀工"的理想境界。

一定要清楚知道刀刃、磨刀石究竟是什么

除此之外，还有就是非得弄清楚刀刃的锐利度才可以。

我当学徒时，曾经发生这样的故事。有一次我用师兄磨好的菜刀准备切东西，刀刃却总是从食材上滑下去，根本没办法切。当时心里想着师兄一定是没有磨利刀刃。事实上正好相反，就是他已磨利刀刃，我才会切不动。

菜刀这种东西，不管刀刃磨得多锐利，仔细观察的话，还是会发现刀锋依然凹凸不平，就是靠着这些凹凸不平的地方切断食材。凹凸不平的颗粒越粗——也就是磨刀石本身的颗粒越粗，越容易借力使力。越大的凹凸颗粒越容易将食材的纤维破坏，切口处容易产生伤痕，好比用锯齿很大的锯子去割切，切口处就会呈现粗糙不光滑的断面。就好像大家所熟知的"用粗颗粒制的磨刀石磨利刀锋的菜刀很好切"一样，强调的不仅是刀刃够利，而且是不管谁用这把菜刀都会觉得很好切。

另一方面，如果用的是颗粒比较细的磨刀石，刀锋所呈现的凹凸颗粒就会比较细，容易在食材上打滑。经过这样的说明，相信大家应该都了解切菜这门功夫需要相当程度的技术。这也就是当初我没办法切食材的主要原因。简单来说，如果没有具备一定的刀工，便没办法驾驭锋利的

刀刃，所以要针对自身的刀工程度来决定该如何磨刀。

无论如何，希望大家能够再一次好好去思考刀刃、磨刀石究竟是什么。即使是现在还在学习，还没机会真正拿菜刀的人，我也建议尽可能去找到真正属于自己的刀。想办法找时间、找机会去学习切的功夫，练习如何磨刀，才算是学习"切工"的第一步。

接着，平常使用菜刀时，仔细注意刀锋的变化，随时掌握每一个细微的变化。随时提醒自己注意运刀时的手感，自己的动作、方向，并且训练自己想象刀锋接触食材表面的感觉和画面。从手握刀刃的姿势、下刀的方向、刀刃的平衡，以及磨刀的方式，一步一步挑战自己现有的实力，找到自己的目标。

五 烧烤的诀窍

用单纯的方法做出复杂的成品

夏天是香鱼的季节。每年到了 6 月香鱼解禁开钓，一直到 8 月底，商店会推出烤香鱼特餐。

依着天气不同，河川的环境每天也有不同的变化，正是如此，香鱼也会跟着外在环境改变而产生有趣的变化。比方说，今天的香鱼带着比平常更强烈的青苔味，或是前天下雨香鱼的腹部会有石头，这些微小的差别都是看到当天的香鱼甚至开始烤的时候才会发现的。总觉得烤香鱼真是一件不简单的工作。

所谓"烧烤"，在日本料理中指的就是直接用明火烤，但是我相信大家都很清楚，这种料理方式其实可说是最原始的加热方法，正因为是很原始的方法，所以需要很高的技术做后盾。所以我才会觉得这也是"因为单纯所以更显困难"的料理方法。

究竟难点在哪里？如果说得极端一点，就是让食材置身于非常高温的环境下，而其他的加热方式——不管是煮、蒸还是炸——都没有那么高的温度；尤其是备长炭，最高温度甚至可以达到1000摄氏度以上。在这样的状况下，直接将食材放置其中，表面非常容易产生损伤（容易烤焦），对于火候的控制必须非常得宜，才能充分发挥食材本身的美味。而且，不只是单纯地让水分蒸发掉就可以了，对于烧烤食物的要求都是很严苛的"外皮酥脆、肉质软嫩鲜甜"，想要做到这点，可是相当复杂的。

其中烤香鱼的学问又更大，更需要巧妙控制火候。个人甚至觉得烤香鱼可算是盐烤食物中最困难的。

接着，我们就先从香鱼切入正题。

同时烧烤食材不同的部位

一般来说，要进行烧烤的鱼，有的是整条连头带骨下去烤，也有的是切片烤。香鱼是前者的最佳代表，而且，香鱼从头到尾每个部位都是可以吃的。因此，烧烤时最大的难题，就在于香鱼头部、腹部和尾巴的构造各有不同，每个部位所要求的美味度也不相同。

以香鱼的头部来说，大部分都是骨头，骨头的四周都是鱼皮，虽然没有太多水分，但因为骨头多，所以比较不容易熟。烧烤完后，骨头的部分最好是香松酥脆，口感要如刚炸出锅。举例来说，有些人会把鳗鱼和海鳗的背骨拿来油炸，差不多就是那样的口感。

那鱼腹又该怎样呢？鱼肉通常要保留一定的水分，然而背骨却要烤到完全熟透才行。就构造来说，最外层是鱼皮、鱼肉、内脏，最后才是背骨。鱼腹的皮比较薄，如果大火烧烤，很快就烤焦了，可是鱼的内脏又富含水分，要把背骨烤到完全熟透，没有相当程度的火力是做不到的。另外，下腹部以下就只有鱼皮、鱼肉和鱼骨，没有内脏。鱼身也变得比较细，相对来说比较容易熟。

如果为了要把鱼身的水分收干，一直以强火直接烧烤，则会让尾巴干干的，尾鳍还会被烤得焦黑。相反，如果要避免尾巴被烤焦，鱼肉背骨处还残留水分，会让人感觉没烤熟，也就是容易发生顾此失彼的情况。

针对不同的构造、不同的目的进行烧烤，不能只用相同的方式。最好是把不同的部位都当作不同的食材，只能想办法局部给予不同的火候。这道理不只局限于烤香鱼，应该是烤鱼的基本条件。

还有最常要处理的就是作为可使用热源之一的炭火。炭火可以根据情况调整与食材接触的方式和火的强度。比方说，木炭该怎样堆码，烤鱼的铁扦该放在多高，是要把食材直接放在火中加热，还是利用远红外线和热风间接加热。如果要烤香鱼，头部、腹部、尾巴的部分，绝对不可能用同样的条件进行烧烤，应该要通过调整木炭的堆码方式，或是铁扦插放的位置高度，不时改变香鱼的烧烤位置，进行局部的控制和调整。

鱼肉比较厚实的部位直接用火烧烤时，就要想办法避开尾巴的部位。还可以通过热风的间接加热，达到外皮酥脆、内部肉质软嫩鲜甜的效果。另外，烧烤鱼头时，就必须集中火力，想办法挪动木炭的位置，还有，要以铁扦把香鱼固定成尾巴往上翘的形状。这样一来，香鱼的油脂从头部往下滴，自然地就像是干炸的状态。

最佳的烧烤状态就是，头部和表面呈现酥脆香松，而鱼身部分在切下去的瞬间感觉水汽上腾多汁，吃起来的口感则是肉质鲜嫩。当然，要能将火候控制自如，绝对不是件简单的事。首先，每一尾香鱼的状态都不完全相同，还有火炉的深度及大小、木炭的量、炭火的状况以及扇火的方式等等，可说是包含了各式各样的要素。

光是用铁扦固定香鱼这件事，就有很大的学问。为什么要用铁扦固定？又该怎么固定？举例来说，用铁扦把香鱼固定成 S 形。铁扦会穿过香鱼的表面，借着金属传导热到鱼肉，让鱼肉比较容易熟透。因此用铁扦固定香鱼并不只是单纯地想保持形状，以铁扦固定时，必须注意怎样弯曲才能让表面和中间都平均受热。如果有一边弯曲过大，就会造成另一边太小，放在火上烤的时候，不同的侧面接触到火的距离也会有所改变，就没办法均匀地烧烤。

另外，有关火候，针对不同的情况怎么调整，会达到怎样的烧烤状况？这包含众多信息的收集，所以每个人必须找出属于自己的方法。接着要考虑的是，究竟要烤的东西是什么？如果脑袋里想的只是很随性的"烤鱼"，或是想要烤"香鱼"，或是想着该如何烤"香鱼的腹部、头部、尾巴"，应该会有截然不同的结果。

外皮酥脆、肉质软嫩鲜甜的严苛要求

以香鱼为例，全身均等地覆盖鱼皮。但是，如果是切片的鱼，就是半边是鱼皮，半边是鱼肉，两者呈现完全不同的性质。

鲈鱼或鲑鱼，鱼皮也很美味，所以总是会连皮一起烤，不过事实上有不少人会觉得鱼皮带腥味。之所以会觉得有腥味，其实是鱼皮烤得不够熟，鱼皮下富含水分，想让这些水分全部烤干需要相当的时间。然而要将鱼皮烤得非常酥脆，就容易让鱼肉太熟变得太干；想保持鱼肉的鲜嫩，则很容易使鱼皮不够熟而咬不动，口感变得很糟，内侧也会让人感觉油腻。

要能适当地调整火候让每一面都烤得恰到好处，需要很好的功夫。如果没办法做到这点，就只好改变自己的想法，最简单的方式就是把皮切掉另外炸。不过，吃鱼能连皮一起吃，才算是吃到鱼肉最鲜美的醍醐味，因此，硬是要把鱼皮剥掉，倒是让人觉得有些暴殄天物。

从某个契机开始，我烤鱼的时候一定会在鱼皮上做切割处理。

所谓的鱼皮，是鱼类为了保护身体所穿上的紧身潜水服，好比是隔热材料，正是因为有这层保护，炭火比较不容易通过。所以在鱼皮上切割，像是替炭火制造通道，让火力更容易达到鱼肉内部。切痕的深浅，则是根据不同种类的鱼或是鱼肉厚薄来决定是要切入鱼肉，还是只在鱼皮上浅划一道，这就有各种不同的情况了。不管是哪一种，其实做这样的切割，只是为了让热度比较容易进入鱼皮的内侧。另外，一般来说，烧烤的时候，原本堆积在鱼皮中的水分也会被蒸发，让鱼皮变得更为酥脆。也就是说，这样的方式可以让鱼更容易烤熟，而鱼肉仍然能维持鲜嫩多汁。当然，用菜刀在鱼皮上切割，吃鱼的时候，筷子可以顺着切痕连皮带肉一起夹进碗里，吃起来也更方便。

关键在于弄清楚什么是鱼

如果说香鱼是盐烤的代表，那么酱汁烧烤的代表则首推鳗鱼。

鳗鱼专卖店常说一句话："烧烤是需要花一辈子学习的功夫。"

首先，如果要将鱼皮下方黏稠的水分烤干，就必须从鱼皮的表面开始烤。接着，在鱼肉涂抹酱汁后，为了让水分挥发，就必须烤得更久。然而，只涂抹一次酱汁是无法入味的，因而必须多次涂抹酱汁，再反复烧烤，这样一来又可能让鱼肉变得像鱼干一样。然而，烤鳗鱼就是要将鳗鱼烤得软乎乎的才算大功告成，因此要将鱼皮和鱼肉依照不同的要求进行烧烤，同时还得适度地调味。这样的要求有多么不讲道理，大家应该都可以了解吧！

关东风味的蒲烧鳗，通常是将鳗鱼先进行烧烤，烤至表面略呈金黄色后，再改用蒸笼清蒸，这样做也许就是为了解决这种问题。而关西风的蒲烧，由于火候是一定的，不是让鱼肉烤得软乎乎的但鱼皮却感觉水水的，就是非常入味鱼肉却变得太老。这也就印证了"烧烤是需要花一辈子学习的功夫"，绝对是需要相当程度的技术。

　　如果从这些方面思考，烧烤这门功夫，给人的感觉像是在追逐两种不会同时存在的目标。该怎么样去发觉、克服这个问题，这就是所谓的技术。

　　具体来说可以分为两个方向。一个是钻研烧烤方式，多加练习；另一个方向则是针对食材下功夫，找到最合适的处理方法。不管是采取哪一种方式，都必须先弄清楚鱼是什么，鱼皮是什么，而鱼肉又是什么。首要问题就是要弄清楚这些。学习就应该从观察、思考和比较开始。

六　如何让菜单更多元化

菜单的作用在于让人愉快用餐

主厨的工作就是设计菜单。即使是现在还在学习料理的人，有朝一日当上主厨，也会轮到自己设计菜单。为了那天的到来，现在该做些什么准备，大家是不是都已经想过了？不会觉得这些跟自己没关系吧？或许有些人比较老实，以为还在学习阶段，没有心思去想这些遥不可及的东西，只要努力把交给自己的任务做好就行了。

然而，不管是谁，在刚开始学习的时候，都要想办法替自己的职业生涯找到最适当的方法，更应该努力做准备，迎接自己可以写菜单的日子到来。当然，全心全意致力于现在的工作不要想东想西，也是非常重要的。不过我认为客观地审视自己，并环视周遭所发生的事情，这点也相当重要。简单来说，完全沉浸在工作中达到忘我的境界，以及能够冷静观察周遭的事物，这两项特质对于训练自己写菜单都是不可或缺的。

我在前文中向大家建议，若有机会担任送菜工作的话，要把客人用餐时的各种场景转换成视觉记忆，像是当天的天气、用餐人数、组成人员、年龄分布、用餐的原因、空腹的程度以及客人的心情。这一刻，客人的心里究竟想些什么？此外，男性和女性消费者所期待的东西会有怎样的差异？讲究口味的独行侠、好朋友间的聚会、招待客户，各种不同的聚会目的也让用餐过程变得完全不同。就因为这样，要把不同情况下座位的安排、食器的使用、酒菜的顺序和节奏等各种可能性牢记在心。

所谓的学习料理，不只是单纯地提升料理的基本技术，用餐的乐趣也不只限于味蕾的飨宴。不管料理师傅的刀工有多巧妙、炖煮的高汤有多好喝，如果来用餐的客人心有旁骛，或是用餐时的气氛让人漫不经心，这样是不太可能让顾客享受到用餐的喜悦或是乐趣的。

菜单是给客人提供饮食享受的计划书，最终目的是要款待客人。因此，在讨论使用的食材或是料理技术是否高明之上，最初的出发点应该是掌握客人的喜好。如此一来，学习设计菜单的时候，就应该要实际去接触客人，这样才会有更实质的学习材料。比方说，去包厢回收客人用过的餐具，或是在吧台后感受客席中的气氛，都是很好的时机。全心全意工作的同时，最好还是要花点时间，用自己的眼睛观察顾客用餐的气氛，而且要把这些情景铭记在心。

集中注意力的同时，必须设想周到

集中注意力工作的同时，还必须以冷静的眼光去观察自己和周围相关的事物，这在工作的每一个环节中都是必要的。而所谓的"设想周到"就是这个意思。比方说，要时常去观察主厨和师兄们究竟在考虑些什么，在他们发号施令"把那个拿来"前，就可以提前准备好。想到他们会不会想用更大一点的锅子、会不会想用方盘等等，就马上让自己的身体行动起来。

如果感觉到哪些东西不够，就不要等别人交代才去准备。做这些不是为了主厨和师兄们，而是因为这些对自己来说是很重要的事。请大家仔细想一想，对料理人来说，首要的工作就是要"考虑别人的想法"。做料理并不是只展现自己的厨艺就可以了，而是要用好吃的东西去取悦别人。如果说连自己工作上的伙伴或是师兄们的心思都无法捉摸，要想抓住客人的喜好恐怕更是不可能的任务。

协助师兄工作的同时又要能先行察觉师兄的心思，或者在自己努力削萝卜的同时仍然能够注意到周遭其他人的工作状况，让自己的神经随时处在紧绷状态下，训练自己学习"掌握厨房工作的全貌"。

所谓的菜单，并非只是单纯地遵循常规，将当季的食材融入料理中，然后用词语加以修饰包装而成。必须保证不管是客满还是遇到突发状况，厨房的人力物力都足以做出菜单上的料理。菜单中哪些部分用来争取时间，该在哪个部分使尽全力，还有哪个部分可以确切地掳获客人的心，此外，对现场气氛和节奏的掌控，以及实际烹饪过程中的力量分配，都必须在菜单的设计中得到全方位的体现。而怎样画出这样一幅设计图，应该可以说是主厨唯一的工作。

所以当主厨指示改变菜单的时候，一定要花点时间思考他为什么要改。主厨出于什么样的考虑设计了菜单，又是出于什么样的考虑进行了修改。是否能够意识到其中的变化，也许现在看不出有什么特别之处，不过等到有一天轮到自己设计菜单时，应该会有很大的帮助。

菜单——要考虑到"引人入胜"

接着，我们来谈谈究竟主厨在设计菜单时通常都考虑些什么，是不是单纯从味觉出发来安排用餐的流程呢？

在日本料理中，对于不同的情况下所要传达的信息，很容易变得失去知觉，反而会变成只是在满足约定的追求。特别是最近，大家拼命使用大量的高级食材，却让人对这些料理的判断比以前更难理解。感觉上只是不停地端出各种精心的料理，却让人分不清主菜到底是什么。

既然如此，那日本料理的主菜究竟是什么？我自己也是在成为主厨，开始设计菜单之后才开始思索这个问题。

当然，这只是我个人的想法，我觉得能将客人引入佳境的料理之一，就是"炖煮和生食"，也就是碗装的炖煮料理和生鱼片。这可以说是日本料理的"超级明星"。对料理师傅来说，这可是要铆足全力的地方，讲得夸张点，也可以说是"展现真功夫"的场面。不管怎么说，就是要展现象征日本料理精髓的"刀工"和"高汤"的技术。

但是，"展现真功夫"和"尽享美食的满足感"是否能够等同起来，又是另外的问题。说到这点，说不定烧烤类是比较容易让客人产生满足感的食物。鸡肉、牛肉这类食材，比较容易凸显富含氨基酸的美味。当然，酱烤茄子这类需要纯熟厨艺的料理也有很不错的，不过相较之下，牛肉片只要烧烤一下，或是夏天时来一尾烤香鱼，就会让人觉得尽享美食。总之，烧烤是可以自由表现"豪华度"的料理，这正是促使我从与"炖煮和生食"不同的层面考虑其作为主菜的可能性的原因。

另外，还有一样就是"八寸"（冷盘）。

大家所熟知的八寸，其实是在客人经过暖胃茶、炖煮物、烧烤物等多道美味料理的刺激之后，为了迎接下一个高潮而特别安排的休憩点，就好像是让主人和客人都能喘口气、转换心情的一道料理。原本这道换口味的料理，通常是一款山产和一款海产，放在八寸的小钵当中，因此被称为"八寸"，不过现在很多店家都是以下酒小菜来取代，也有的店家会把八寸当作开胃菜，也就是所谓的"前八寸"。当然，也有很多店家不用这个名称。

我本人还沿用这个名称，而且我所规划的八寸，其实是有很曲折的故事。过去，我会用日式煎蛋、松风烧*、烤海胆这一类传统的料理进行搭配。不过老板娘却提出抱怨，她认为我不应该做这种固定的菜色，因为客人早就吃腻了。虽然我自己也这么觉得，但是不管怎么说，那可是我辛苦做的料理，于是和营业部门吵了起来。后来自己也

---

*将肉馅调味后加入鸡蛋制成长方体，在一面撒上芝麻或青海苔，用明火烤制而成。因与日式糕点"松风"做法类似，故名。——编者注

想通了，如果只是担心样式不够而拿这道料理来充数，还不如不要做比较好。

然而，决定不提供这道料理之后，又衍生了其他问题，也就是料理变得过于"简单"，熬煮高汤，切生鱼片，烤鱼，只剩下这些最简单的工作。也就是说，料理变成强调食材原味、厨艺技巧的赤裸裸的演出，而且每一道都让人高度紧张。虽说时时保持紧张是我们所盼望的，然而要对常态的工作确实地保持警觉毕竟是有困难的。而且如果每次做料理都当作比赛铆足全力，就连客人也会感到疲累。

总之，对菜单而言，让顾客一眼就能看到的"丰富性"是必要的元素，于是，我重新体会到八寸真的是很方便的选择。与之前相反的是，我不再坚持使用固定的传统八寸菜品，而是将八寸作为调节菜单的手段，在内容和数量上都保持灵活。

因此现在我提供的八寸可以说相当具有创意，像餐前小菜一样装盛十种左右的料理，本身就是一个套餐。这样的想法是源自菜单中前菜到腌渍物的各式料理。八寸就是要强调选择的多样性，另外应该也会被用来当作反差，凸显其他部分刻意要单纯化的企图。

这么说是因为包括我自己在内，最近的日本料理对于食材的质量和种类，似乎有点过分期待的倾向。比方说，生鱼片至少要三种鱼以上，这个也想放进菜单里，那个也想端给客人品尝，好像是豪华食材无限供应的感觉。不过，这样一来反而会让客人不容易感受到食材的丰富性。所以除了八寸之外，其他的料理都尽可能单纯化，利用简单的食材展现真功夫和豪华感。换句话说，只有八寸这道料理，一改简单的要求，表现出多彩的选择和享受游乐场般的愉悦，让料理的丰富性更加张弛有度。

说到这个部分，对我来说也还是进行时，接下来会产生怎么样的变化，自己也不知道。但是，主厨总是会对设计菜单感到苦恼，将很多不同的感觉组合后再加以破坏，破坏之后再重新组合，大家现在花时间去思考这个问题，绝对不会是白费工的。

七　蒸、炸

蒸、炸——可以简单地管理温度的加热法

　　日本料理中加热的基本方法有烧烤、蒸、炸、炖煮。

　　这些基本方法中，只有炖煮既是加热的方法，同时也是调味的方法。通过加热，将调味渗透进食材当中，应该可说是炖煮的本质。而另一方面，烧烤、蒸、炸只是单纯的加热方法。反过来说，通过烧烤的过程是无法入味的，而蒸和炸也一样没办法调味，所以得把调味和加热处理分开来讨论。以炸为例，需要考虑的是应该对食材本身进行调味，还是对面衣进行调味，或是通过酱汁补充味道。因为油脂本身是没办法添加盐或糖加以调味的。

　　其中蒸、炸这两种基本料理方式有个共通点，就是被处理的食材整体都会被蒸汽或是油这类的加热媒介均匀包围。也就是说，这两种方式的原理都是通过热能进行均一的加热，单从这点来看，从温度管理上来说是相当轻松的。如果是烧烤，尤其是使用炭火的情况，想要让食材整体被同样的热源进行均一的加热是相当困难的。只要跟热源之间的距离有微妙的不同，就会让加热的温度出现剧烈差距，而外在环境稍微有点风，火候就会产生极大的变化。这其中的困难，只要大家站在火炉前，去体会鱼的哪个部位该用怎样的火，小心翼翼地控制火候，应该都能清楚了解到。相较之下，事实上蒸和炸这两种基本料理方式是相当简单的。以炸来说，维持变动幅度不超过 5 摄氏度的温度其实不是件难事。这样一来，就可以利用时间来控制加热的总量，应该可以说是非常有组织、容易管理，而且很难失败的加热方法。

把握表面的温度以及内层的温度

接下来，想请大家再重新思考一次加热究竟是什么。

不管是炸还是蒸，加热的工作最终有两个判定标准，一是食材的表面会呈现怎样的状态，而另一个则是食材的中心部分究竟熟透了没有。以炸为例，对表面的基本要求是外形要固定、颜色呈金黄色，中心部分则是火候恰到好处，保持鲜嫩多汁的状态。

当然，火是从外侧进行加热，时间越久，外侧受热越多，损伤就会越大。首先，外皮会变得太硬，再者就是颜色会变得焦黑。另一方面，要让热度到达中心部位，总是需要花点时间。如果外侧受热的损伤程度达到设定最佳状态的同时，中心部分的受热状态也能刚好达到理想的温度，则是最好的火候控制。这样的调整，正是所谓加热法则的"技术本位"。

究竟该怎样才能确切调整火候？关键是油的温度吗？当然，油的温度扮演着非常重要的角色。不过还有更重要的元素，那就是在加热前食材本身的温度。

举例来说，炸天妇罗的时候，按照基本规范以标准的油温去炸，却常常发生表面炸得很漂亮、中间却还是生的，或是中间熟透了，但是表皮却焦黑的情况，最有可能的原因就是最初食材本身的内层温度太低。同样大小的明虾，有的可能是刚从冰箱拿出来，有的可能放在外面化冻一阵子了，因此放入油锅的瞬间，表面温度和内层温度之间的差距是完全不一样的。如果两者温度的差距太大，就会导致中心部分熟透的时候，表面已经焦黑。茶碗蒸也是同样的道理，如果用冷的鸡蛋和冷的高汤来蒸，等到中心部位完全蒸熟时，表面就会产生气泡。

能掌握食材中心部位的最初温度和完成料理时的温度，就可以很自然地决定加热的温度。这期间只要掌握表面所产生的变化，随后再做适当的调整就可以了。究竟表面和中心部位之间的温度差距大比较好，还是差距小比较好？中间是生的，外皮香松酥脆，或者表皮没有烧烤的颜色而且松软爽口，想要达成这些条件应该都是可行的。这样说来，炸冰淇淋天妇罗应该也是可能的。

特别是炸，一般大家都会说重点在油或是面衣，因此常常会忽略最重要的食材本身的温度变化。不管是炸还是蒸，如果能确实地掌握食材的温度变化就不难达到理想状态，事实上这些都可以算是很明确、简单易懂的料理技巧。

另外，不同的店家会有不同的习惯，有些店家的菜单一定有蒸菜和油炸料理。不过，最近有越来越多的店家不见得一定会将这两种料理当作固定菜色。

对我来说，这两者可以算是用来调整菜单的菜色。当菜单整体的豪华度稍嫌不足时，就会试着增加一道清蒸带骨鲷鱼，不打算做烧烤或炖煮物的时候，我就以炸天妇罗或蒸大头菜一类的菜品来代替。换句话说，其实这两种料理可以当"救火队"。

虽然说它们不算是宴席的正规军，但关键时刻若能扮演好自身的角色，有时候甚至可以成为主角，或是可以依赖的资深好手。

烘托季节性的料理

接下来，想跟大家谈的是季节性的表现。

对日本料理来说，配合季节推出菜色是非常重要的。尤其是决定菜单的时候，季节可以说是非常重要的元素。如何能表现出时令的美味，该怎么样让客人感受到当季的美味，这些要素都会变成决定性的主轴。不仅是食材本身，包括盛菜的器皿、房间的摆设，所有的细节都要能反映出季节感。总之，季节，季节，什么都得跟季节扯上边……毕竟这是日本文化最重要的课题。

当学徒的过程中也必须要考虑到季节。说起来这是日本料理中最有趣的地方，也是学徒生涯最困难的地方。

学徒过程中所要考虑的季节，其实是工作的季节性。

如果重视季节性，持续整年不变的工作比例就会减少，这点相信大家都可以感受到。随着季节的变化，食材也会改变，工作的内容也会有所不同，刚进厨房第一年的学徒有第一年学徒的四季，主要干部有主要干部的四季，老师傅则有老师傅的四季。仔细回想一下，厨房里的工作光景会随着季节不同而有相当大的差别。

举例来说，夏季是烤香鱼的季节，每天都要串香鱼，随着季节的转换，这样的工作不想停也不行。随之而来的季节性工作是处理海鳗，而且要把骨头都弄干净。接下来的时节，工作就变成了鲷鱼切片。也就是说，随着季节的变化，出现在厨房里的主要食材会有很大的变化，每到这种时候，就必须想办法应付新食材。

"日本料理的一年要耗费四年的时间去经历。"

这是我个人的体验。比方说，原本去骨这件工作需要学一年，但事实上却得花四年才能学完。不对，或许应该说花四倍的时间来学。但是往往会产生一个问题，那就是去年学到一个段落，今年却没办法顺利继续学习。

以我自己的店为例，我曾经跟店里的弟子谈过前面章节所提到的"烧烤的诀窍"，到了6月也让他们亲身体验烤香鱼，像是店里某个学徒已经亲身体验串铁扦的方法、火炉的摆放方式、烧烤方法等等，也都了解了其中的要领。到了今年6月重新再烤香鱼的时候，他却没办法保持去年8月底的水平。经过6月、7月、8月的辛苦练习，总算回复到去年的水平，而且还增加了今年的学习成果，终于能够"找到好吃的烧烤方法，并抓到诀窍"，不过香鱼的季节也结束了。

剩下的练习只能留待明年6月再继续。

到了明年，如果能接续今年的成果继续往上提升就好了，不过通常都会比今年退步一些，这似乎是无法避免的宿命。换句话说，这根本就是进三步退两步，想要一下子突飞猛进大幅提升是件很困难的事。还有更让人伤脑筋的是，很多人往往是进三步退三步，也就是到第二年的时候，已经把学的本事全都还给师父了。

不要回到原点，设定目标成为高手

在本书一开始我就提到，日本料理"因为很简单反而变得更难做"。因为结构很单纯，只要具备基本技术，多多少少都能做出几道料理。可惜在每样都学了点皮毛之后，很难找出应该锁定怎样的目标，举例来说，如果觉得自己已经学会烤香鱼的诀窍，海鳗的去骨作业也处理得很漂亮，因而感到很满足，就等于舍弃让自己技术更上一层楼的机会。即使现在进步很多，但是到第二年的时候却无法延续，只是重复进三步退三步的恶性循环。也就是说，如果没有设定目标，就会变成总是要回到原点再出发。

如果想让自己从进三步变成进四步，退三步变成退两步、退一步，最大的关键应该在于不管是处理香鱼、海鳗，还是在处理鲷鱼的时候，究竟怎样集中全力。还有，即使这些食材不在眼前，也要想办法记得处理时的感觉，等到这些技巧变成本能的时候，就不会觉得总是在处理新的食材，反而可以设想接下来会用怎样的食材，前一年处理同样食材时的手感是怎样，今年该用怎样的方式处理。

这样一来，随时有需要都可以准备正式上场。也就是要常常温故知新，这点是非常重要的。

夏天刚开始，绿意正浓，就该意识到香鱼的季节即将到来；感到天气闷热难当的时候，就是海鳗的时节要开始了；而寒意上心头的时候，就得为鲷鱼开始做准备；随着季节的变化找回前一年的手感。而且，这些技巧不该是刻意去回想，而应该自然而然浮现在脑海中。

所谓料理的季节感，除了替菜单制造风花雪月的气氛之外，我认为应该还包含了上面所说的意识。

八 何谓"炖煮"

炖煮是加热的方法，同时也是调味的方法

在前面的章节中，我曾经提到这样的见解。

"日本料理中加热的基本方法有烧烤、蒸、炸、炖煮。这些基本方法中，只有炖煮既是加热的方法，同时也是调味的方法。"

举例来说，光是烧烤是没办法调味的。也许有人会对这点持反对意见，不是有照烧（蘸酱烤）吗？但是大家别忘了，那是靠涂酱汁才会有味道的，一边烤一边涂抹入味，纯粹的烧烤是没办法调味的，炸和蒸也是如此，只有炖煮是不同的。食材放在调好味道的液体中加热，味道便会浸透到食材内部。因此，我才说炖煮既是加热的方法，同时也是调味的方法。

当然，也有些时候会采取不添加任何调味的水煮，有时也会用高汤炖煮，还有在高汤的基础上再加调味来炖煮。先用白水煮，再加调味煮，这种组合也很常见。

也许有人会觉得为什么到现在才提这件事，但是我觉得最重要的是大家要有自觉。究竟为什么炖煮，要有非常清楚的认知，是为了让食材软嫩好入口，还是为了要入味，又或者是想同时达到这两种目的。首先，我们得分成煮软和煮入味两阶段来探讨。接下来只要针对"要怎样可以不破坏食材的形状，却可以让中心部位入口即化"、"想让软嫩熟透的食材连中心都入味的话，要特别注意什么"等问题好好思考，就能知道自己该做些什么。这样一来，我相信应该可以发现一些炖煮的技术，若是只一成不变照着老师傅教的去做，是没有办法注意到这些诀窍的。

为了让食材均匀地变柔软，均匀地调味

以炖煮小芋头为例。首先，要进行的是煮软步骤，让小芋头变软，利用淘米水来炖煮。

使用这种煮法，主要是为了让小芋头连中心部位都变得松软。一旦放入调味料之后，食材组织便会变紧，纤维没办法软化，因此在这个阶段不进行调味。达到可以调味的状态前，必须先让食材变得软嫩。这个阶段的火候如果太强，中心部位还没熟透，表面就已经过于松软而无法保持原有的形状，因此得用小火慢慢地炖煮，在没有让汤汁沸腾过头的状态下，让食材完全熟透。

食材几乎完全熟透后，倒掉淘米水，接着进行炖煮入味的步骤。切记这时绝对不可以加冷水稀释，以免让好不容易煮软的小芋头变硬。

请大家试着站在小芋头的立场来想想看，好不容易等到中间都熟透了，就像全身的毛细孔都打开了，这时候突然浇下一盆冷水，等于是让全身瞬间冻僵，毛细孔自然就全部关起。当然，除了表面会变硬，也会变得不容易吸入后来的调味。所以尽可能不让外在环境影响小芋头，趁小芋头还热乎时把淘米水倒掉，浸泡到调味的高汤里。还有，高汤不能是冷的，必须跟原先的淘米水温度差不多，小火炖煮但不须煮沸。需添加其他高汤时也一样，得等高汤的温度跟先前差不多时，才可以加到煮小芋头的锅里。

假设煮软步骤结束时，小芋头的"柔软指数"为八，这时候添加冷水，会让表面的柔软指数降低到三四，中心部位却可能还有七左右。接下来用冷高汤炖煮，即使到煮好，柔软指数大约也只有五六而已。相反，如果换到相同温度的高汤里，指数可以维持在八左右，接着再炖煮，等到煮好时就有机会达到十的目标，这样的料理才能让客人感受到入口即化的松软滋味。

简单来说，最重要的就是在"相同的温度"间进行转换。不让温度产生剧烈的变化，也就是让小芋头免于受到太大的刺激。接下来调味的时候也必须遵守同样的原则。

炖煮的时候加入调味料，尤其是加糖，食材的组织一定会紧绷，不但会变硬，也会让味道不容易渗透进去。不信的话可以试试看，一口气加一大匙糖，马上就会看到效果。再尝尝味道，绝对只有表面才有味道。也就是说，如果料理的口感让人觉得滑滑硬硬的，马上就可以猜到应该是加糖的方式太过"粗鲁"。加糖至少要分成两三次，甚至分成多次慢慢加。让小芋头没有感觉的情况下，一点一点慢慢加糖提高甜度，在不影响食材本身柔软度的前提下，均匀地进行调味。

虽然小芋头只是一个例子，不过"让食材均匀地变柔软"和"让食材均匀地入味"，这两大重点可以说是处理许多食材的共通点。此外，笋子之类的食材，更是让我费尽心思。

为什么这么说呢？笋子之类的食材比较硬，不像小芋头那样容易煮烂，很容易在煮软的过程中不小心用了过强的火候。外表看不出来有任何变化，实际上纤维间的水分早已过度膨胀，造成组织内部伤害。不管是哪一种食材都一样，眼睛看不到的部分也得仔细研究，务必要弄清楚那些地方的性质。

因此，先把笋子放进淘米水中加热，之后再把汤水倒掉，添加温热的高汤进行炖煮。这时候还不会入味，先让笋子本身所含的水分跟高汤互换。等到笋子吸饱了高汤，就可以把锅里的高汤倒掉，添加新的高汤，炖煮一段时间才会开始入味。笋子是体形比较大、比较容易变硬的食材，所以必须不断地尝试每个步骤，一点一滴地调整，才能烹调出最合适的味道。

加热的控制让美食世界无限宽广

接下来，我们要把炖煮视为单纯的加热法。炖煮，其实是食材于液体中进行加热，这也是日本料理中最常使用到的加热方法。但是，并没有所谓"炖煮"的特别技术，因为日本料理的原点就是刀工和炖煮。如果真要说的话，熬高汤、烫海鳗，甚至是煮饭，都可以算是炖煮，也就是说，炖煮以各种形态和日本料理紧密地结合在一起。

水的温度上限是100摄氏度，因此水从常温到沸点的控制方式，就可以产生各式各样的炖煮。

比方说，接近沸点的炖煮，会让食材产生质变，表面硬化。如果只想让表面加热，中心部位不要受热，就可以利用这个温度范围进行加热，像是要让明虾上色就可以运用这样的方法。

而 60—70 度之间的加热范围，可说是相当重要的区域。在这个范围内进行加热，食材可以煮熟却不会破坏表面。因此，想让食材完全熟透，并维持均匀的软度，就得想办法让加热的温度维持在这个范围内，比方说前面提到的小芋头、笋子、萝卜，大家应该都能了解才对。

前面所说的利用高温让表面变硬的例子，可以用"敲"[*]，就是"敲牛肉"的那个"敲"；而后一种加热范围的例子则可以用"英式烤牛肉"，为了让表面和中心部位都维持相同的温度，把牛肉放进烤箱里用低温加热。从结果来看，所有的炖煮料理，其实都是根据表面和中心部位的温度要怎样控制而决定不同的料理方法的。如果没有事先搞清楚这一点，就想要炖煮，事实上是有难度的。

当然，这也关系到食材本身的性质和相关的条件。像煮小芋头的时候，可以让温度快速达到 50 度左右，接近主要加热范围；如果要煮饭，就不可以这么做，一开始的

---

[*] 日本料理做法。将鲣鱼、牛肉等食材的表面进行轻微炙烤，保持外熟内生的状态，切片后配合调味汁食用。为使其容易入味，传统做法为炙烤后用刀背或手轻轻敲打食材，故名。——编者注

火力过强，就会把锅底的米烧焦了。这是因为水发挥对流传热之前，锅子变得太热的关系，因此，必须要从一开始就一点一点地加热，等到对流传热形成后，就可以从中间时段开大火进行烹煮。

另外，炖煮的加热，不只是通过提升温度进行加热，也有通过降温增加能量进行加热的方法。

举例来说，有些食材会发生调味和料理的时机无法配合的情况。进行调味必须用大火，但是食材再煮就会太烂，因此不能再加热。碰到这种情况，就把食材从炉子移开，直接放到煮菜的汤汁中，也就是从90度的高温环境移到30度的汤汁中，温度降低60度的过程中，反而可以增加热能，而这种热能正是我们所要利用的。很多人把这种能量称为"余热"，我自己用的名称则是"后退加热法"，这个称呼让人很明确地意识到这是利用温度下降进行的加热方法。

其实"蒸发加热法"跟这个方式也有点像。好比将蚕豆煮好，不浸泡冷水或冰块就直接放进竹篮里，这种料理方式是运用食材本身的热能把多余的水分蒸发掉，水分蒸发之后，食材的滋味反而会更浓郁。

不管是后退加热或是蒸发加热，都是所谓的加热方法，也就是说加热并不是没有火就结束了，如果真的想要让加热终了，只有将食材放进水里或冰块里。比方说烫好的明虾用冰块浸泡，看起来好像是"让食材冷却"，事实上整个过程的本质，在于切断加热的进程。

火候——冷静和不屈不挠决定味道

如果按照这样的思考模式，炖煮，其实可以说是非常需要冷静和不屈不挠的工作。

厨房的工作，其实有些部分可以一鼓作气振奋人心，有的时候需要快速反应，不管是动脑还是动手，必须能分出轻重缓急。然而，炖煮的工作不能只靠感觉，即使能够通过技术层面加快刀工，也不可能缩短炖煮的时间，所以得采取更有效率的办法。

对付火候这种东西没办法来硬的。所以，想要做好炖煮的工作，就必须从对"火"和"时间"抱持敬畏的心开始。

九　醋的特性及功用

为什么没办法将醋用得恰到好处

　　日本料理的菜单中，通常都会有一道凉拌菜。接下来，我们把焦点放在醋和酸味上。仔细分析菜单中的每一个项目，纯粹以味道为主题的只有凉拌菜——也就是酸味——这一项。

　　事实上，孩提时代的我不太喜欢吃凉拌菜。从小，我就常吃我们店里的菜，唯独凉拌菜很少碰。对小孩子来说，最初可以感受到的滋味通常是甜和咸，对于酸和苦，需要花比较多的时间去认识。毕竟要能体会酸味或苦味，先决条件是要有成熟的味觉。顺带一提的是，这也可以套用在料理人的学习过程中，调味的基本是从甜味开始，学习酸味的精髓则是下一个阶段。

回到刚刚的话题，即使长大成人之后，我还是没办法喜欢凉拌菜，总觉得"基于人类的食用标准来说实在太酸了"。但是，土佐醋倒是可以接受，除了酸味之外，还添加其他调味和甜味，属于比较温醇的口感，我想应该有很多人跟我有同感。我相信有人能够单吃柠檬而不怕酸，但是一定也有人很怕酸味的刺激性。

虽然不喜欢酸味，却没办法弃之不用。也就是说，就算是讨厌的东西还是得想办法做成料理，不喜欢所以蒙混过关这种心态，反而会让自己后悔，所以更应该找出自己不喜欢的原因。不管怎么样，就算是自己不喜欢的东西，绝对也有其美味的地方。

仔细想想，自己好像也不是完全没办法接受酸味，我想最令人难以接受的应该是那些凉拌菜往往都酸过了头。所以，是什么理由要弄得那么酸？为什么没办法把醋用得恰到好处？身为料理人的自己应该非常清楚这个答案。如果将酸味降低，用刚刚好的量去调味，客人品尝料理的瞬间觉得味道极佳，但是在口中经过一段时间，味道便会完全消失。所以当食物经过喉头的时候，已经变成没有任何特色的凉拌菜，也就是说，不管是料理的滋味还是味道都会显得不够。

味道在口中持续变化

酸味对做料理的人来说，实在是很麻烦的存在。

比方说，光是想到酸梅就会让人口水直流，举这个例子大家应该都可以了解，酸味会促进唾液的分泌，为了要中和口中的酸性，便会大量分泌唾液，算是一种自然的生理反应。只要舌头一碰到酸的东西，口中便开始大量分泌唾液，随着唾液的分泌就会稀释食物的味道。

换句话说，就是唾液会让味道变淡。这对料理师傅来说，是相当关键的现象。酸味会造成唾液的分泌，所以很麻烦，但是就算没有酸味，咀嚼时也会分泌大量的唾液，让料理的味道变得更温和。总之，锅里精心调制的味道，停留在客人的舌尖大概只有数秒钟，很快就会被唾液稀释。料理师傅如果想要追求无可挑剔的调味，最后应该会变成"和唾液之间的对决"。我个人从凉拌菜开始研究酸味，好不容易走到了这个地步。

要做好调味，只考虑锅里的味道是绝对不够的；客人吃进嘴里后会怎样，连食物在客人口中停留的时间也必须一并考虑，才能做好调味。因此，制作凉拌菜时不得不加重酸味，也就是这个原因。如果一开始就将醋用得恰到好处，等到客人吃进嘴里，大量的唾液分泌造成味道被稀释，最后反而变成了平淡无味的料理。因此，大家都选择一开始用比较强烈的酸味，等到与口中的唾液混合之后，形成味道刚刚好的口感。然而这样会产生一个缺点，一开始的接触过分强烈，才会产生那些太过刺激、让不太敢吃酸的人却步的凉拌菜。

将醋用得恰到好处所调出来的味道，跟唾液混合后反而变得不够；如果不想被唾液稀释因而加重口味，又会造成太过刺激的效果。难道真的没办法从最初到最后都能维持温醇的酸度吗？

其实，如果能不让唾液破坏酸味应该就没问题。我个人想出的解决方案，就是把调味的汤汁固体化，也就是将调味的汤汁变成果冻状。

准确来说，有弹性的固体果冻状调味品，没办法成为调味汤汁的替代品。最佳状态是在口中咀嚼食材的时候维持果冻状，而在吞咽之前会慢慢变成液体。讲得更具体一点就是"七秒内融化的果冻"，软软的，几乎是入口即化，如此一来，就能在口中维持刚刚好的酸味，也就没有必要刻意加重酸味的搭配，也不用担心酸味被稀释变得淡而无味。再者，如果是入口即化的状态，就能够充分与食材融合，反而更有利于味道的调整。就这样，青柳自创的"醋果冻"法大功告成。

在我店里，所有的凉拌菜都用这种醋果冻。比方说，我会在凉拌鸣门的裙带菜和明虾时搭配使用这种醋果冻。

当然，醋果冻本身的状态非常重要，如果客人送进口之前就融化，那么就会使得料理变得淡而无味。再者，若是融化后无法紧密附着在食材上，送进口中的量就会减少许多，对口味来说更是雪上加霜。总而言之，恰到好处的酸味、口感醇厚，而且到最后都不会融化的醋果冻，最重要的就是口味和口感之间的绝妙搭配。

酸味能带出食材真正的滋味

经过凉拌菜的艰苦奋战之后，相信大家应该都能体会，酸度的调味难度非常高。而且，让人觉得麻烦的凉拌醋还不是全部。对于主要食材的调味，醋究竟该扮演怎样的角色才是最大的问题。

别以为只要把醋洒在天然的食材上就叫凉拌菜，这种想法可说是大错特错。什么处理也不做只是把醋洒上去就能让人觉得好吃的食材，大概只有牡蛎吧。可是调过味的东西再洒醋，也不会比较好吃。换句话说，以醋调味会让人觉得多余，但是不处理又会让人觉得少了点味道，所以醋的拿捏是很微妙的。

对食材来说，不是要"入"味，最重要的是要"带出"食材本身的原味。也就是说，去除水分浓缩食材的原味。比方说，从黄瓜中撷取出黄瓜的滋味，如果是裙带菜就要撷取出裙带菜的味道，只要能做到这点，就会让人觉得很美味，若是此时能添加一点酸味，会让这种美味更加出色。

没错，醋、酸味，最大的作用在于能够带出食材原味，对于凸显食材本身天然的甜味或苦味，酸味扮演着相当重要的角色。比方说，烤鱼时挤点柠檬汁，吃鱼的人会明显感受到鱼的鲜美。在裙带菜上洒点醋，则会让海水的香味和碘的甘醇变得更为浓郁，比起什么也不加的鱼或裙带菜，食材本身的味道会显得更强烈。

酸味本身的特色鲜明，在调味上比较不容易掌控，若能巧妙地运用，则可让食材有更多元的发挥，可以说是富含趣味的滋味。所以我认为凉拌菜并不只是为了让客人改变口味，而是让食材的原味更为鲜明的料理。换句话说，料理之前该怎么样让食材的美味浓缩，也就是酸味如何发挥出最大功效的关键。

添加醋的料理关键在于用量的斟酌和时间的掌控

谈到带出食材真正的滋味，或许用醋腌料理来举例，大家会比较容易了解。也就是先用盐吸收食材多余的水分，然后再加醋浸泡的料理方法。这里所指的醋，不单是调味，还要运用本身的特质改变食材，也就是所谓料理的意思。尽管醋腌原本是食物的保存方法，但事实上随着醋和食材之间的搭配，的确可以带出食材本身的滋味。

试举鲭鱼为例。将鲭鱼切成三块，先用盐巴腌渍将水分沥干。此时盐的分量会对接下来的醋腌产生极大的影响，因此要非常注意。在盐渍的时候没办法将水分完全排出，随后的醋腌过程，不管加多少醋都没办法渗透到鲭鱼的中心部位。此外，醋腌的方法也有很多种，可以用很大的分量在短时间内进行腌渍，或是长时间浸泡在比较淡的醋里。

酸味也是料理方式的一种。把腌渍跟加热做比较，会比较容易了解。用很大的分量在短时间内进行腌渍，就好像是只加热表面，而中心部位还是生的，也就是所谓的"敲"。长时间浸泡在比较淡的醋里，可以说是利用慢火让肉熟透的"英式烤牛肉"。究竟哪一种方法比较合适，答案会依食材的性质和大小、是否需要优先考虑保存性、料理的目的而有所不同。此外，也有的料理方法是只对表面进行"加热"，之后再利用"余热"处理食材的内部，像我们店里的醋腌鲭鱼就是利用这样的料理方法，做法是将鲭鱼浸泡在分量比较大的醋里大约一小时，浸泡完成之后再放个一天。这段时间内，表面的醋会逐渐渗透到中心部位，让整条鲭鱼都浸在醋汁中，这样一来，就可以通过醋的功效让鲭鱼的鲜美和风味更为凸显。

　　提到制作醋果冻，最重要的就是醋的用量和果冻融化的时机是否正确。因此，醋腌鲭鱼好吃与否，靠的就是醋的用量和时间的掌控。整体来说，从如何控制醋的用量（也可以说是"火候"）和时间的本质来看，醋腌料理和加热料理的原理有异曲同工之妙。如果说要做醋腌料理，只要将黄瓜抹上盐巴然后加三杯醋浸泡，不管在谁来看都是超简单的做法，没什么特别的地方才对。不过，对于醋的使用方法，要注意的技巧相当多。至于调味是什么，食材本身的滋味如何，料理时间如何掌握，这些关键点才是日本料理的技术本质所在。

十　白米和白饭

日本料理会用到许多食材，也有各式各样的料理，不过其中有些东西是没办法用其他东西取代的，最具代表性的就是白饭。

或许是日本人的自吹自擂，不过我们的确投注了很多心思在白米上，进而发展出各式各样的美味，这应该是其他国家所没有的。刚煮好的热腾腾的白饭、白粥，用高汤熬煮的杂烩粥，每一道都是人间美味。另外，现做握寿司的滋味、夏天用冷茶冲冷饭的独特茶泡饭所蕴含的清爽口感，甚至是生病没胃口时喝的米汤，都各有不同的滋味。每一种不同的做法，都有不同的美味。让人禁不住想问为什么那么小的颗粒可以蕴含这么丰富的惊喜。

如果说一定要选出米饭最让人感动的滋味，我想茶会最初送上的白饭应该是首屈一指的。那白饭可以说是原点中的原点，凝聚了日本料理的技术和精神。

从茶会中学到的事

茶会最初送上来的白饭，学习料理的年轻人应该已经修习过了吧。小茶几上左边摆的是白饭，右边是汤类，放在内侧正前方的则是"向付"*。这时候的白饭，等于是刚刚把饭锅的火熄掉的状态，往往会用黏乎乎来形容，白米呈现湿黏的状态。如果是普通的白饭，接下来应该会继续焖煮让水分蒸发掉，但是在茶会则不然，要在煮饭的锅侧面和白饭还残留水分时就端上桌。

我曾经多次为茶会掌厨，负责煮出这样的白饭。白饭煮好的瞬间，一切胜负就已底定。所以，每当实际参加茶会的时候，从入席的那一刻起，就得估算好所有的时间，必须集中全部的注意力，审慎地做好煮饭的准备工作，不

---

*通常饭、汤与向付一起送上桌，呈品字形，左下方是饭，右下方是汤。一般以鱼类为食材做成的料理在上方，正好是在餐桌方向的正面，称之"向付"。——译者注

煮饭就没办法进行茶会。另一方面，错过了白饭煮好的瞬间状态，也会让茶会无法继续。也就是说考虑与会客人心情的同时，还必须精准地计算时间，而这样的努力正符合茶会的接待精神所在。

不过，我有一段时间也多少有些疑问。那种湿湿水水的白饭真的好吃吗？虽然明白这种做法的意义，但纯粹以"口味"来评论到底好不好吃，说良心话，我没有切实的感受。即使是试吃自己的练习作品，老实讲，也没有丝毫的感动。虽然不难吃，可是我真的很怀疑为什么一定要煮成这样，这种状态真的有那么好吗？

终于有一天，我以客人的身份参加茶会。从那天起，我的想法完全改观了。

两坪多一点的幽暗空间，说实话刚进去时真有点紧张。逐渐地，我发现自己随着时间的流逝融入其中。那个空间里肌肤与空气的接触、炭火的声音、空气中的香味，完全笼罩在那样环境中的我，这时候把那湿湿水水的白饭送入口时，竟深深地感觉到"哇，白饭，原来是这样的美味"。就味觉上来说，真的很好吃。那是一种足以让人感动、令人振奋的爽口滋味。通过这样的感动，我终于了解到古人所说的"日本料理的原点在于品茶前的简单料理"其中的真意，而我终于能够亲身体验这种感动。

不过就是煮个白饭，竟然能够煮出如此的美味，这也就是食材所蕴含的真理。只是通过炖煮的手法，就可以带出这样的感动，这也正代表了料理人"掌握时间"的精准。

让白饭保持那种湿湿水水、刚起锅的状态，充其量只有三四分钟。而继续烹煮将水分蒸发掉，应该就是"世俗公认的美味白饭"。不过，那茶会的白饭应该算是顶点，将白米的美味发挥到极致，然而这个顶点却只有短暂的瞬间。茶会就是要通过捕捉那个瞬间来传达"一期一会"的精神。

至于我们做料理的人，必须了解到，可以通用于任何食材的定理就是，美味的顶点只有一瞬间，如果无法体会到这一点是不行的。芋头、青菜、鱼类，能够绽放璀璨光华的时光只有短暂的瞬间。事实上包括生鱼片、炖煮物、烤鱼，应该都有各自的顶点。如何正确地捕捉这些料理的顶点，如何为了捕捉这些瞬间苦练技术，如何将这些瞬间传达给顾客，都是我们的课题。对料理人来说，所谓的"一期一会"，除了人与人的相遇，更应该包括与所有食材相遇的方式。

煮白饭的难度

接下来，我们应该要重新思考一下白饭。白饭，可以说是炖煮的起点。

如果从食材来谈的话，毫无疑问只有白米和水。水可以说是食材，也可以算是调味料。若能使用水质好的水，就可以煮出好吃的白饭。相反，如果水质不好，白饭的魅力也会骤减，这也可以说是日本料理的本质。

再谈到技术层面。淘米和炖煮都是很单纯的方法。淘米和磨山葵或是切鱼有共通之处，比方说，磨山葵时手腕撑不住是没办法进行研磨的，用力将山葵靠在研磨器具上硬磨，皮的部分会留在器具里，只有中心软的地方会磨碎，也没办法磨出好吃的状态。淘米也是一样的，不可以用蛮力胡乱搅拌，只要想办法让表面的杂质脱落即可，使用过大的力道会让米粒裂开。让手腕维持固定的角度，假想米粒与米粒之间会发生怎样的摩擦，找到不让米粒裂开的力道进行淘米，以手腕和肩膀支撑住，和切鱼一样不要施加过大的力量。这也可以说是日本料理"体能技术"的基本。

另外，米算是晒干的东西，因此有必要泡水复原，这也是煮米前要泡水的原因。即便是这样，最初的米粒已经脱水，形状变得很小，想要泡水恢复到原本的大小需要花很多时间。接下来用小火慢慢地加热水温，让锅里的水产生对流，话虽然这么说，堆积在锅里的米粒，其实是很不容易形成对流的。如果一开始就用强火，对流产生之前锅底的米粒便会焦掉，所以要先让锅里的水对流后才将火力转大，这样一来，所有的米粒都能均匀受热。这才是所谓的"最初慢慢来，途中再火力全开"的本意，也才是炖煮的技术所在。

餐厅菜单中所推出的饭类

饭类在餐厅所推出的菜单里究竟扮演怎样的角色？

现实生活中，究竟该推出怎样的饭类料理，会因餐厅不同而有多种选择。在客人接连品尝了多道菜之后，很多店家都会选择"白饭配红味噌汤"这种简单的组合来收尾。这是将菜和饭区分开来对待。不过我倒是相反，将饭类当作菜单的一项，看作是一道菜，不管是菜饭还是杂烩粥、盖饭等等，都可以当作一道菜提供给客人。当然，在这里不是要评论哪样好或哪样不好，纯粹只是主题设定的方式不同。

以我个人的经验来说，我喜欢菜单中的菜色种类尽可能简单明了，包括饭类在内，每一道料理都能让客人留下深刻的印象。也就是把菜单当作从开胃菜到饭后点心的所有项目的组合，这样一来，白饭就无法单独安放了。从整体来看菜单的时候，每一道菜色的安排都必须考虑到菜单整体美味指数的起伏和盐分摄取的平衡等等。比方说，不管是推出亲子盖饭还是鸭肉杂烩粥，口味绝对不可能跟专卖店一样，当然要根据菜单的整体情况决定食材和相符合的味道，到最后出于整体考虑，选择用白饭也是有可能的。

再举盖饭的例子。做盖饭最大的难题就在于口味咸淡和滋味之间如何取得平衡。对于料理店来说，一般是希望提供味道清淡的饭类，但拿来跟盖饭专卖店的盖饭相比，很容易让人觉得味道不够地道，这不是我想要的结果。我希望提供的是味道清淡却可以让人印象深刻的盖饭，至少，提供的盖饭不能砸了店的招牌，亲子盖饭就要有亲子盖饭的滋味，笋子盖饭就要让客人享受到笋子盖饭的鲜美，这才不枉我刻意设计不用白饭的心思。事实上，有一次我煮好笋子之后，尝了一下煮完笋子剩下的高汤，突发奇想，为什么这样的汤汁不能用在笋子盖饭上。

常常有人说煮笋子是最困难的事。糖、酱油、盐、味酥、酒这五项调味料要搭配得恰到好处，而且还得添加昆布和柴鱼片调味。这些繁琐的制作步骤造就了美味，加上笋子本身的鲜度和香味都融在汤汁里，高汤里更包含着笋子的浓郁鲜美，就这样倒掉真的很可惜，直接拿来喝又会太浓。所以，这时加入笋子皮和接近根部的部分再继续熬煮，最后用鸡蛋收紧汤汁倒在白饭上就大功告成。这样一来，清爽的口感再加上笋子的鲜甜和非常强烈的香味，属于春天的时节料理笋子盖饭就完成了。

附带一提的是，做笋子盖饭、海鳗饭这类最后要用鸡蛋收汁的料理，我店里通常会以三人份为基准去做。也就是说要做四人份的时候，会用两个三人份的锅去做，要做三十人份的时候，会用十个三人份的锅去做，这是为了使蛋能平均受热，确保最后完成的成果是最好吃的状态，这也是我考虑该如何正确地捕捉料理美味的顶点后所得出的结果。

换句话说，就是要对食材用心，磨炼所谓的体能技术，学习火候的掌控，再加上对最佳料理时间的估算，种种的努力都是为了让食材可以展现"瞬间的璀璨"。如果从这点来看，不管是普通的白饭、笋子盖饭，还是茶会的白饭，应该都是一样的。

十一　自然的甜味

炖煮红豆这种"菜"

仔细分析一下菜单，通常会有甜食包含在内。因此，我们来思考一下日本料理店的甜食。首先就是甜味的原点，红豆绝对会是其中一项。

每次炖煮红豆时，我忍不住都会想，红豆真是很难处理的食材。先以水煮沸去除涩味，然后再想办法煮软，接着加糖炖煮入味，才算是完工，就这几个简单的步骤，为什么会这么困难？如果是萝卜、大头菜或马铃薯，就算每天进的材料或多或少有些不同，昨天跟今天煮出来的成品不会有太大差异，可是每次煮红豆，出来的结果都不一样。每一袋红豆会有截然不同的变化，不对，就算是同一袋红豆，也可能产生完全不同的结果，即使煮法跟昨天一样，今天的红豆也有可能比较涩，或是皮比较薄容易破，或是怎么煮都煮不烂。说实话，红豆真的是很不好掌控、很麻烦的食材。

不过仔细想想，颗粒那么小，再加上外皮和内部又是天差地别，想要让每一颗均匀受热，不会煮到软烂变形，却又要松软可口，加上本身形体很小，涩味对其影响很大，火候的控制也会变得很微妙，怎么看也不是件简单的工作。要处理这么细腻的红豆，料理的师傅却很容易变得反应迟钝，包括火候的控制、煮沸的时机等等，这些判断基准都关系到每次炖煮是否能够成功，可是却常常被料理人所忽略……在谈论技巧前，首先要解决的是对红豆这种食材的观念问题。

其实红豆是一种"菜"。绝大多数人对红豆的印象都是甜品，可能因此，大多数人煮红豆时，并没有意识到自己是在"煮菜"，忽略掉红豆这种食材本身的特点，容易落入煮红豆泥或是豆沙馅的印象。比方说，炖煮笋子时，会考虑笋子本身的食材属性，特别注意要煮得清脆爽口；煮大头菜时，会想让大头菜煮软入味，同时也会留心不要煮得太烂，免得失去原本该有的形状。然而煮红豆时，却会变得好像不是煮红豆，而是煮红豆泥的感觉。

一般而言，甜点通常给人是赠送的感觉，所以不会有人过分苛求，也因此，往往不会太强烈地意识到这是道料理。然而制作内馅时，这样煮就行了，再这样加点甜味，这样把红豆磨成泥……如果让红豆落入这样的套路，含糊不清地进行炖煮，就无法看清楚眼前红豆的真面目。

这样一来，炖煮红豆的过程呈现的麻烦信息，更不可能捕捉到。

目标是能"抓住人"的甜味

因此，必须要弄清楚今天要处理的红豆究竟是怎样的状况，才有可能进行所有的工作。红豆究竟有多涩，硬度如何，外皮的厚度如何？要除去涩味，应该在水沸之后马上把灰水倒掉，还是应该等水沸之后再多煮一段时间呢？另外，什么时候加糖？等到水的表面出现气泡，就要开始不停地摇晃锅。再者，加热时火候该怎么控制，这点就必须先仔细观察红豆的状态才能下判断。进行这些工作，先决条件就是必须对红豆有一定程度的了解，知道为什么红豆会变甜。

正如前面所说的，红豆是菜，并不只是用来制作甜品的食材，也不只是拿来做内馅的材料。要把红豆煮出甜味并不只是为了做糕点，不靠盐巴也不靠酱油，只有糖能够充分烘托出红豆的原始风味。也就是说，并不是"要把红豆煮出甜味"，反而应该说糖是红豆的最佳拍档，而这可说是煮红豆的原始出发点。

若能这样思考，就可以找出强化烘托红豆美味的糖分浓度。当然，这也和糕饼店师傅寻找的甜度指数有所不同。日本料理中如果要以红豆呈现料理的甜味，必须是能与整体菜单取得平衡的甜度指数。

附带一提的是，我店里为制作水羊羹或是甜薯馒头所准备的豆沙馅，是不过滤去皮的，同时这样的内馅不能晒干。对我来说，红豆，所有的精华都藏在皮和瓤之间，也就是说，这个部分是最美味的地方，没有道理舍弃不用。何况，晒干的话，红豆的风味和香气就会都跑掉。因此，把烹煮过呈现颗粒状的红豆直接放进食物调理机，打成好像是用滤网筛过的状态来使用，当然，这种红豆馅的风味会随着时间而逐渐流失，提供使用的时间也就自然而然受限制了。

用肉眼看的话，还带着细小外皮的红豆颗粒，比起糕饼店所做的内馅，可以感觉到一颗一颗的口感，放进嘴里的感觉比较朴实。不过这么做的重点是想达到料理店才能做到的丰富风味，自然跟糕饼店所追求的醇厚感是完全不同的。换句话说，想要达到如同糕饼店的专业师傅每天努力跟红豆对决所做出的令人满意的内馅，根本是不可能的任务。而我们这群做菜的料理人，应该是从料理的角度来处理红豆。以我自己来说，想要达成的目标，也就是能"抓住人"的甜味。

所谓的"抓住人"，主要是要通过食材传达吃进嘴巴瞬间所产生的震撼力，也就是寻找食材的美味达到顶点时，瞬间所转换的甘甜、香味和柔软度。举个例子说明会比较清楚，就好像水羊羹富含红豆的美味，而形体在入口的瞬间就消失，只留下红豆的香味。寒天也是同样的意思，不管是凝结还是融化，透过微妙的组合让寒天成形。如果不能认识到寒天的性质，就没办法掌握确切的浓度，贸然地制作，很快便会硬掉，如果不是刚做好，就没办法呈现出最佳风味，这就是我为什么说要与时间决胜负才能换来风味和口感的甜味。

甜食也是日本料理的一部分

这里还有一个问题，那就是"料理店里的甜食究竟是什么"。究竟是所谓的糕点，还是真正的料理。

如果是向糕饼店购买糕点，然后直接提供给客人食用，当然毫无疑问就是糕点。虽然这样做也是一种选择，但是这样的甜点跟菜单的安排就会变得没有关系，应该算是"餐后"的甜点。这个部分就跟料理人没关系了，算是其他的东西。相反，如果料理人觉得甜食应该是菜单的一部分，也就是说是"用餐中"由厨师提供的一道菜，那么这道甜品就应该算是日本料理的一部分。因此，就算只是将水果切盘端上桌，或是煮红豆，都必须按照日本料理的观点来准备才行。

日本料理其实是有效利用食材的料理。为了充分带出食材的原味，料理人想尽办法提升自己的刀工，修正炖煮、烧烤的方式，将这些技巧随时放在心上，竭尽全力追求食材的质量。所以处理甜食的时候也是相同的，就如同切鲷鱼、烤香鱼、煮笋子，必须针对当天的食材特性调整料理的做法。像是挑选哈密瓜、柿子或是要让寒天成形、红豆的煮法等等，都必须花心思去做调配。

举例来说，柿子，没有完全熟透前，吃起来不怎么美味，所以得放在厨房里让柿子快熟，等到最好的食用时机来临，切成两半，附上汤匙就可以变成一道料理。也许有人会觉得这有什么难的，但是每个柿子各有不同，得仔细分辨每一个柿子的成熟状态，在最佳的时机食用，这点绝对不是件简单的工作。事实上，柿子进货时是一整箱为单位，是会一颗一颗拿起来确认状态，还是含混带过，觉得反正就是同一箱柿子，等到一定的时间，觉得每颗应该都差不多，按顺序拿起来料理就对了。

不过如果换成是松茸，不管是谁，应该都会逐一检查。会开始烦恼"这支，现在可以说是最好的状态，如果今天卖不掉该怎么办"。柿子也应该要如此同等对待，"熟到这样的状态刚刚好，只要切一下就可以端上去，不用做其他处理"，或者将六个柿子中的三个对切端上桌，剩下的相对来说还没熟透，则在切好后加上果酱再端出去，根据每一个柿子的状态选择不同的料理方法，也就是要搞清楚每一个食材各自的"时间性"，这可以说是料理最基本的原理，也是最重要的要素。今天的鲷鱼状况非常好，今天的大头菜和上周的大头菜差别很大，自己对这样的差别是否能够很明确地掌握？另外，烹煮过程中是否能发现其中的差异，该怎样对应？更要紧的是，能不能体会到其中的趣味，这才算是真正的"有效利用食材的料理"，也就是日本料理的原点。

学习如何掌握食材的最佳状态

即使是餐后的甜点，应该也要像制作生鱼片、炖煮物等等，付出一样的心血才对。许多年轻的料理人，通常会被指派负责腌渍物或是甜点的制作。也就是说，如果对挑选、处理水果采取的是马马虎虎的态度，或是对腌渍物的酱料状况无所谓，等到将来面对鲷鱼、松茸等食材，绝对也没办法做出好吃的料理。不管负责什么样的工作，日本料理就是日本料理，对于腌渍物、柿子、寒天、红豆等食材，能够确切掌握最佳状态的人只有作为负责人的自己。

就好像是要炖煮出好吃的鲷鱼，或是要做出好吃的水羊羹一样，观察柿子是否熟透了，也可以说是料理的一部分。

十二　如何学习真正的日本料理

职业和业余的差别只在技术上

正如前面所说的，日本料理的实际操作相当简单，只要食材够新鲜，有正确的食谱，再加上可以运用这些知识，即使是门外汉也可以做得不错。在过去可能不是这样，现代社会交流沟通如此便利，要收集各种信息都易如反掌，只要肯花钱，食材和信息要多少有多少。

换句话说，跟以前相比，能够区分职业和业余的因素少了许多。

但难道就因为这样，学习就不重要了吗？职业厨师和业余料理人之间的区别，已经跟食材、食谱无关，唯一的差别只剩下技术。反过来说，现在已经不再是将注目焦点放在职业厨师的工作和感性的时代了。

那么，想要成为职业的日本料理师傅，需要的是——

学习的第一步就是体能和头脑的训练

日本料理的学习有几个重点。接下来，我们就针对攻守方针一一进行探讨。

首先，第一个就是"体能上能负担"，也就是所谓的"技术"。比方说，会将根茎类的青菜切薄片、会切鱼、会串铁扦等等。这跟会游泳或会骑脚踏车是相同的道理，一旦学会了，就成为身体本能的一部分，一辈子都不会忘记。不过就算如此，从会游泳、会骑脚踏车的阶段毕业后，接下来就进入讲究速度的阶段，这时候就必须要有强韧的体力、好的姿势和自我控制的能力，想要拥有这些，必须要不断地练习。

比方说，一开始要学习能够使用单面刃很直地切菜。接下来，就要学习怎么样可以把萝卜切得很漂亮。此外，同样的萝卜切块，也要考虑怎么样切得又脆又有透明度，而且还能鲜嫩多汁。每一项功夫都需要特别的技巧和准确性，这种学习是没有终点的。

要达到这种程度，只有不断地练习，这跟有没有知识或是食谱没有任何关系。通过训练，让自身的肌肉自然而然地记得这些动作。跟练习一次的人相比，练习五次的人一定可以切得比较好，当然练习十次的会比五次的更好，练习百次的一定强过十次的。

不过也有些人只要练十次就可以达到百次的水平，这是因为他们在每次观察的过程中，都能够想象自己练习的状况，然后练习的时候，就可以事半功倍。比方说，萝卜要这样拿才好切，菜刀的角度要这样，脑袋里不时地在思考这些技巧。还有，今天的萝卜感觉起来比昨天的要凉，应该是从冰箱里拿出来的，所以会比较难切等等，通过这样的经验去找出最好的手感。

虽然说是体能的训练，但是头脑的使用也不可少。若没有同时动员知觉和思考力，就不容易有效率地学习技术。另外，纵使有很好的技术，却没办法运用在最适切的地方，就好比跟有些切得很漂亮的萝卜相比，一般家庭主妇切得丑丑的萝卜却更美味是一样的道理。这点也可以说是日本料理的困难处。

学习的第二步是要凝视、倾听、训练嗅觉

日本料理可以说是"活用食材"、"重视季节感"的料理。

　　所谓的季节感，和日本人的文化是无法分割的，对料理来说，也是很重要的要素。如果决定走日本料理这条路，那么就一定得对季节性有相当的敏感度。在此不希望造成大家的误解，每年的节日当然都是照月历在走，但是季节性却跟月历无关。比方说，女儿节是每年的3月3日，但是要把3月20日定为撒网捕捉鲷鱼的日子，基本是不可能的。虽然说春天到了就是鲷鱼的时节，可是海里的鲷鱼不会看到月历说着"啊，今天开始是春天咯"，就乖乖跑进渔人撒的网里。直到有一天，走在路上发现吹拂脸颊的风变暖了，水龙头的水比起昨天要温热了，这样的日子表示海水的温度也变暖了，而渔人也开始可以捕捉到鲷鱼了。也就是说，春天真的来了，盛产的时节也到了。也许去年是3月20日，但是今年搞不好是4月10日，虽然时节到了，但是很有可能过两天"冬天"又回来了也说不定。

　　所谓对季节的敏感，跟注意月历的变化是完全不同的事。比方说，早上起床的时候感受到阳光照进来的温暖，闻到土地湿润的味道，看到树木在枝头冒出新芽。通过眼、鼻、耳、触感，还有舌尖的感受，这些都算是料理人的智慧。

　　不管切了多少次鱼，如果从来没有认真凝视食材，永远也不会知道鱼究竟是什么。认真凝视，仔细聆听主厨说的"今天的鲷鱼如何如何"，自己在切鱼的时候，试吃一下边角的味道，再仔细观察客人的反应，只要能多累积这些经验，一定就能够清楚地知道哪种鱼才会好吃。

另外，如果用心观察煮菜的锅，总有一天，只要看泡泡的大小就能清楚知道该如何调控火候，还有一听到油的声音，就可以判断油的温度，闻一下柴鱼片的气味，就可以想象出今天的高汤究竟如何。

对每个人来说，这些都是与生俱来的本能，也是理所当然的本事，可是如果没有意识到自己所面对的对象，这样的能力就会变钝，甚至无法使用。对心里爱慕的女生，只要看到她的脸，就可以知道她今天有没有感冒，只要听她讲一句话，就可以知道她今天心情好不好，对她的了解到了可怕的地步。相反，对于电车上坐在自己对面的人究竟长什么样子，即使看到了也没有特别的感觉，这是因为不在意对方的关系。料理人也一样，如果对食材漠不关心，就看不到食材的个性或表情，也不会有任何感觉。如果不懂得关心客人的话，也就没办法理解客人的心意。这样一来，只会让自己的感觉变得鲁钝。

在厨房里常常看到有些人对掉在地上的垃圾无动于衷，这是因为即使他看到了，也当作没看到似的。如果能看到，身体应该会有自然的反应，或许这也是学习的开端。

再来讨论一下师兄所说的"喂"究竟是什么意思，从这个字眼中可以读到怎样的信息。比方说，有可能是"喂，拿一下抹布"，或是"喂，关一下瓦斯"，还是"喂，很危险唷"，搞不好还会是"喂，晚上一块儿去喝一杯"。只要观察音调的高低、眼睛的表情、肢体的动作，瞬间就可以知道师兄下一句话要讲什么。因此，磨炼五种感觉之外，还得训练自己的第六感——直觉，这也可以说是学习的一部分。

学习的第三步是累积必要的知识

每家店都或多或少会有属于自己独创的食谱。所谓的食谱，归根结底只是从料理人、店，以及日本料理的历史积蓄中所衍生出来的信息，也就是说，从过去的经验指引出的"测量值"。虽然说是可以信赖的依据，但却不是"绝对的真理"，如果把过去的食谱当作神明的指示一样深信不疑，自己完全不做任何的思考判断，只是盲目遵循的话，则会变得毫无意义。奉行食谱之余，如果不能侧耳倾听食材的声音，是没办法帮助自身学习的，这点要特别注意。

虽然话是这么说，但因此而否定食谱也是件愚蠢的事，毕竟有用的信息就应该好好地运用。如果置之不理，自己想办法摸索，就算最后达到一定的境界，也只能说是浪费时间。比方说，无知而用功的人兴奋地发现"用鸡蛋、醋和油合在一起调味，能够变成很美味的酱料"，然而，这只不过是大家早已熟知的蛋黄酱。假设这个人有能力可以从零开始发现蛋黄酱的美味，那么如果他能够从蛋黄酱开始研究，说不定可以达到更高的境界，研究出更美味的东西，真的是浪费人才。换句话说，如果没有信息或知识，就没有机会创造新东西。

对现在的料理人来说，非记得不可的知识量大得惊人，走一趟书店，会发现有太多的新书，该怎么从这些书中找到必需的信息是最大的问题。首先，趁年轻就该拿到什么就读什么，而且得想办法把读过的知识变成自身的技术。即使如此，需要的信息仍然陆续增加，很快便追赶不上了。另外，金钱也是一个问题。不管怎么说，知识也是有价的，买书要花钱，去学校进修也要花钱。想要免费从别人身上学到知识，原则上来说是不太可能的。

不过有一个方法，不用花钱也可以学习。这个方法叫作"信用"。

人可以用信用做担保去借用知识，站在师兄的立场来说，如果师弟非常认真，努力向学，当师兄的总是会想要教他些什么。对于彼此互相信赖的朋友来说，多少会交换一下外面世界的信息，有些客人如果用餐很愉快，就会很乐意跟餐厅的人分享很多不同的信息。这种"借"通常不会被拒绝，只要全心全意地努力做某件事，自然就会建立起人与人之间的信赖关系，就好像是给予和被给予的关系。诚心诚意请求别人指导，也是一种重要的学习。

当然，自己绝对不能这样就满足，就好像即使现在已经能将根茎类的青菜切成薄片，也不可以疏于练习。更何况这不只是针对切薄片，应该算是为了学习更大的任务而跨出的一步。

贰

名师的金玉良言

通过跟名师的对谈，一问一答，应该可以发现自己的不足，我想对自己来说会有很大的助力。

汤木贞一 ··· 吉兆的大老板

德冈孝二 ··· 京都岚山吉兆的老板

田崎真也 ··· 品酒师

石锅裕 ··· Queen Alice 主厨

贝尔纳·卢瓦索 Bernard Loiseau ··· La Côte d'Or 主厨

陈建一 ··· 赤坂四川饭店主厨

贝尔纳·帕科 Bernard Pacaud ··· L'Ambroisie 主厨

三国清三 ··· HOTEL DE MIKUNI 主厨

若埃尔·罗比雄 Joël Robuchon ··· Taillevent Robuchon 首席顾问

山本益博 ··· 美食评论家

小山裕久

×

汤木贞一 & 德冈孝二

汤木贞一

生于 1901 年，为日本料亭吉兆的创办者。1930 年创办的吉兆位于大阪，与东京的新喜乐、金田中并称日本三大料亭，在日本料理界被视为高级、传统的料理代表。汤木大师十五岁即跟随父亲修习，二十四岁时因对日本传统茶道的体认，立志提高日本料理的格调，开始了对高级料理的执着路线。三十岁时于大阪创立吉兆。三十六岁时更投入日本茶道最大流派表千家正式修习茶道。

由于对日本传统料理地位提升有莫大贡献，1988 年（昭和六十三年）获颁文化功劳者，是日本史上第一位获得此荣誉的料理人。1997 年过世。

著名的松花堂便当（田字形容器，中央以十字隔开的设计，防止各种菜肴味道互相混杂而失去原味）也是汤木贞一的发明。

德冈孝二

京都岚山吉兆的老板，汤木贞一的女婿。

支撑世界级的美食·日本料理

小　山　跟大师傅学艺，一晃已经是二十年前的事了。

汤　木　能够把那家店经营得这样有声有色，真的是不简单。

小　山　多谢大师傅的赞许。二十年前，我还是穿着木屐负责准备腌渍物的小学徒，那时候大师傅对我来说，就好像遥不可及的神明。

汤　木　不过现在已经变成了不起的人物了。想当初在我店里，还是个年轻小伙子……

小　山　想到以前我只是负责准备腌渍物的小学徒，每天只能闷着头努力工作，能够像今天这样跟大师傅坐在一起用餐，根本是连做梦也不敢想的事。

德　冈　是呀！对于过去我也是感触良多。我是在昭和四十一年（1966）离开东京回到京都的，接手这里的业务，有很多事都不清楚，甚至说有一个叫小山的人进来店里当学徒，我也不知道。只是有一天，突然看到他跑来跟我说："不好意思，今天皇家饭店分店公休，请让我进厨房帮忙。"说实话，当时真的很感动。会提出这种要求的，小山师傅是第一个呀！

小　山　不过，大师傅跟我第一次看到的时候一样，完全没变。

125

汤　木　这样灌我迷汤，我可是一点也不会觉得开心。毕竟我今年已经九十四岁啦（笑）。很多人都觉得可以用一句话来形容日本料理店，那就是不做宴席就没办法提高料理店的商业效率。不过，我不认为日本料理只有宴席，从很早以前我就一直强调这点。毕竟，日本料理可以说是"世界级的美食"。而这样的认知早在三四十年前就受到大家的肯定。

德　冈　岳父大人是昭和三十三年（1958）去美国的。从美国回来之后，他就提出了这个说法。几乎跑遍世界各地的他，却没有找到惊为天人的美食。从那个时候开始，他坚信日本料理是世界级的美食。

汤　木　我在纽约待了差不多五十天，发现日本在国际社会上的地位非常重要，日本料理也是足以向世界夸耀的美食。禅师千利休＊将四百年的朴素与清寂融入日本料理的意象，让茶会恢复原来清淡素朴的面貌，所以我们今天所经营的日本料理才有了这样的形态。利休禅师所开创的茶道虽然深奥，

＊千利休是日本茶道的奠基者，被誉为"茶道天下第一人"，制定了"四规七则"，其中"四规"为：和、敬、清、寂。利休偏爱无名茶具及狭小茶室，寻求寂静之心的美学；丰臣秀吉则是崇尚奢华，喜爱表征贵族文化的昂贵茶道名器，举行茶会时也偏好盛大华丽的排场，两者风格完全背道而驰，再加上利休常常以尖锐的言辞顶撞丰臣秀吉，最终招致切腹的命运。——译者注

但既然生为日本人，又选择做日本料理，就不能不努力学习与茶道有关的事物。想要了解日本料理的真实面貌，我认为那是最初的原点。

小　山　去年，我第一次有机会以主厨的身份去巴黎研习（1993年在巴黎阿西娜饭店举行的日本料理美食祭）。说到参加这个活动的原始动机，应该就是我当学徒时，听到大师傅所说的"世界级的美食·日本料理"，因此让我觉得不去做不行。而且，那时候我的心里只有一个想法，那就是"早点回日本继续学习"。在昭和三十年代的时候，大师傅就说过"世界级的美食·日本料理"，想要维持这样的优势，必须不断地有人在后面推波助澜，所以我才决定去巴黎。

德　冈　最初岳父写下"世界级的美食·日本料理·吉兆"，曾经有一段时间，有些人看到这些字，就觉得"哇，吉兆的料理才是世界级的美食"，现在这时代应该没有人会这么想了。

小　山　现在的时代，就连法国人都开始觉得日本料理真的很美味。

德　冈　以前只要提起外国人，就会想到他们不敢吃生食。不过，现在可不一样了，很多人开始崇尚生食。尤其是美国人，对日本料理更是另眼相看，认为这是最健康的吃法。

小　山　日本料理不用油的特点，日本料理的美味，慢慢地被推广到全世界。

忘不了学徒时代的第一份工作

小　山　我心里想着要去大阪帮忙，应该就是大师傅在《生活杂记》上刊登《闲聊吉兆》那时期开始的。

德　冈　从那时候就已经开始啦！

小　山　看过杂志上的文章之后，就觉得"不管怎样一定要去吉兆，非去不可"。为了达成这个心愿，我可是四处请人帮忙……

汤　木　小山这孩子算是世家子弟，他又不愿意别人因为他是世家子弟而对他有所礼遇，我想这点是很重要的一项特质。一定要自己投注心力，如果不亲身去经历料理的高低起伏，就不会知道日本料理是多么不简单的东西。而这些高低起伏里蕴含的趣旨，就存在于日本的茶道之中。我认为这是西方世界所没有的哲理，属于茶的艺术。因此我希望每个日本人都能了解茶道。

有些人觉得"研究茶，好像傻瓜"，我认为这种人才真正是不幸的人。了解什么叫作简朴，以春夏秋冬四季的变化跟简朴一起思考，才能品尝滋味，这可说是相当高深的学问。能够掌握日本料理中的四季变化，确实呈现季节性的料理，对许多料理人来说已经是竭尽全力。此外，还需让享用这道料理的客人明确地感受到季节性，如果客人没办法感受，那就表示料理的水平还不到位。这种意境一定有方法可以体会，因为这是蕴含利休禅师四百年历史的领域。

所谓的日本料理，就是要静静地享用，去体会每一道料理所蕴含的意义，不管是喝汤还是吃饭，如果这些是传统的茶会料理，就算只是一杯酒，也是需要花很多心思的。通过品尝这些料理，自然能够真正地了解到茶会料理的美味所在。即使在日本，茶会料理也还只是少数内行人才知道的东西。相信在不久的将来，茶会料理的美味也会变得众所周知，而且广泛被大家所品尝、欣赏。

小　山　到现在我还记得进吉兆之后做的第一件工作，想想已经是二十三四年前的事了。我的第一件工作是处理牛蒡，也就是把牛蒡上的土清干净（笑）。

德　冈　我进厨房的第一件工作是剥烤栗子的皮。

小　山　那可真是永远也无法忘记的回忆！那是最初被指

派的工作，我一直站在厨房，过了好久都没人理我……好不容易有人肯跟我说话，所以即使只是叫我清理牛蒡上的土，我都高兴得不得了。

汤　木　老实说，我对于像小山这样的人愿意来吉兆，内心是暗自窃喜的。

小　山　当时，皇家饭店分店找我去帮忙。宿舍还没盖好之前，我就睡在总店里，所以有时候也会到总店去帮忙，很少有机会可以去京都支援。因此，偶尔被叫去京都店帮忙的时候，总是会留下很多回忆。

德　冈　不过，说真的，像你这样的人我还真是第一次遇到。因为店里休假，所以跑来问可不可以到我们店来帮忙。

小　山　其实我当时心里怕得要命，因为东家。

德　冈　我？我很可怕吗？

小　山　一开始真的很害怕。不过跟东家说过话之后，倒是一点也不觉得可怕。虽然过去有很多回忆，不过都是很久以前的事，大概也都不复记忆。可是有件往事一定要提。那是有一次被叫去做蒸蛋的外烩服务。当时店里师傅都在忙，所以我就自己一个人从皇家饭店直接过去。那时候，从来没用过桶装瓦斯来控制蒸蛋器的火候，所以火力跟以往用惯的完全不同，只好从外观来判断火候。结

果，一百五十人份的蒸蛋，最初的七十人份全部
产生空洞……

德　　冈　那不是完蛋了（笑）。

小　　山　虽然搞砸了，但是时间上不允许我重做，只好就
那样端出去给客人。虽然说是过去的事，不过
真的是不可原谅的错误（笑）。也因为端出那种
东西，结果被客人说"吉兆的蒸蛋怎么是这种水
平"……给您添了许多麻烦，真是万分抱歉。
除此之外，后来我在大师傅身边做事，有很多事
情让我终生难忘。比方说，我工作的时候，大师
傅一边自己喝着酒，一边把酒递给我说"来一
杯"。我回答"我不喝酒"，大师傅就说"不会喝
酒，怎么能做日本料理"。那时候我才发现不会
喝酒真的不行。

德　　冈　我在神户当厨师的时候，不仅是酒、烟、赌、女
色，就连穿衣服的花色，都被严格管控。不过，
当我投身岳父门下，喝酒变得理所当然。进吉兆
的那天晚上，就被灌酒了。

小　　山　真的，在吉兆可以自由地喝酒。

德　　冈　这是岳父大人的哲学。做的料理是要让客人喝酒
的，自己不喝酒，怎么会知道怎样的口味才最合适。

小　　山　没错。大师傅真的是这样说。

拥有山珍海味的德岛

小　山　承蒙大师傅不嫌弃，常常来我店里，还有东家总是夸赞我。不过，说实话，德岛真是个得天独厚的地方，有着许多山珍海味……

德　冈　德岛那个地方所拥的地理环境优势，真的是太棒了。特别是你送给我们的酸橘，还有杨梅也很不错。而且四周又环海。

小　山　东家所举的例子都是德岛最出名的特产，以做日本料理的环境来说，应该说没有比那里更合适的地方。当然，德岛的笋子也很鲜美，还有很多东西都很棒。阿波也有很多各式各样的食材。

德　冈　用个比较失礼的说法，德岛算是乡下地方。但是，所有的高级食材都在濑户内海里，我们最想要的鱼也只有德岛附近可以捕得到，那真是个令人羡慕的地方。按照我们比较奢侈的想法，曾经有一段时间觉得鸣门的海流太激烈了，鲷鱼的肉有些干。

小　山　鱼肉特别紧。

德　冈　鱼鳔也大，就在鱼中骨的旁边。所以有一段时间提到鸣门鱼，总会特别注意，现在是不会有这么奢侈的想法了。不仅是渔获，各地也有各地种蔬菜的名人。比方在京都，有种贺茂茄子的行家、种虾芋的名人、种萝卜的好手等等。小山师傅也会到京都来找这样的名人吧？之前好像说过有一位年纪很大的。

小　山　是啊，这样的名人的确有很多，给我们提供了各种各样的蔬菜。毕竟，种植是很重要的。好在德岛有吉野川，又是四面环海，我真的觉得很棒。我不管去什么地方，都会很努力，也会认真学习，只不过身为料理人，恰巧生长在这个得天独厚的地方。

德　冈　那里还盛产香鱼。

小　山　仔细想想真的是这样。

德　冈　小山师傅，你在德岛做料理，最喜欢的是什么？

小　山　您问的是食材吗？

德　冈　说到海味，这里有所有的渔获。那山珍呢？

小　山　现在德岛也开始种萝卜了，几乎可以说聚集了所有的美味。酸橘，还有柚子。事实上，关西的柚子大部分都是德岛出产的，品质也非常好。俗称"鸣门金时"的番薯应该可以列为日本第一。另外，鸣门的莲藕也可以说是日本首屈一指的品种。讲到莲藕，德岛的莲藕如果把泥巴洗掉，颜色是纯白的，本来打算拿到京都的超市卖，结果竟然被店家质疑是不是经过漂白的。一般的莲藕都是淡棕色的，但是德岛有吉野川的泥流，形成肥沃的土壤，没有使用农药，莲藕的颜色全部都是纯白色的，就因为莲藕原本就是白色的，然而现在的消费者却认为淡棕色的才是没施农药的。另外，紫萁原本只是在祖谷溪附近有些农家栽种，但是经过三十年的时间，德岛的居民几乎都在自家的后山开始种植紫萁，要说是菜园应该也算是菜园，不过要说是天然的应该也不为过吧。哪天有空，让我带您走一趟，还有养猪，德岛的山真不是普通的山。

德　冈　德岛农民最厉害的应该还是种笋子。已经连续很多年到桂来学习取经，利用红外线种出早熟品种的笋子。味道真的很好，相当不错。也相当会做生意（笑）。

小　山　也许没办法送到京都，但是德岛的笋子真的不错。

德　冈　那当然还是当时当地的新鲜笋子就算不加调味也最鲜美了。岳父大人最喜欢的就是阿波舞。一提起德岛就会想到阿波舞，阿波舞充满传统风味又别具一格，真的很特别。

汤　木　跳舞真的很有趣。而且，如果喝醉了更有趣。

小　山　去年大师傅到我们店里的时候，要求再来一碗汤，让我店里的师傅开心得不得了。

汤　木　那我今年可要严格批评咯（笑）。

小　山　店里负责煮汤的小伙子，对于大师傅要求再来一碗汤，大概会毕生难忘吧！

汤　木　听小山这么说，心里真的很感谢。

德　冈　说起来吉兆的门生大概有好几千人，算是受过岳父照顾的。到其他地方的时候，常常会觉得莫名地熟悉，再一问，店家说是"吉兆的师傅出来自立门户"，别说长相不记得，连名字也没听过，到现在为止，应该有超过十五家店。京都出身和大阪几个比较有名的料理师傅还知道，其他大部分都不记得了。偶尔到外地的时候，会发现"哇，这里的餐具跟我们店里的好像"或是"出菜的方式跟我们店里一样"，事后询问，才发现店主原来是在东京吉兆学艺的。像小山师傅这样，一直把岳父当作老师一样尊重，总是这样为我们忙进忙出的，真的是很开心的事。

另外，我觉得小山师傅很了不起的地方，就是每年都会招待我们去参加阿波舞祭典。阿波舞祭典期间应该是德岛最忙的时期，这种庆典时期也是生意最繁忙的时段，小山师傅却是全心全意地招待岳父大人，这种心意，不是一般人可以做到的。

小　山　我是在做生意（笑）。

德　冈　不，就算是做生意，也不简单呀！总是能处处考
　　　　虑岳父大人的情况，这种心意真的很让人开心。
　　　　要说岳父大人的徒弟，随便抓都一大把呀！能这
　　　　么贴心的真的不多！

小　山　可千万别这么说，还有很多师兄都非常敬重大师
　　　　傅的。今年也期待大师傅能来德岛参加庆典。

希望可以看到的不是老师而是料理人的风采

汤　木　就是这样的人品，所以他才能独领风骚呀。说实
　　　　话，刚到我店里的时候，小山的人格特质并没有
　　　　充分表现出来。但是他回到德岛之后完全不一
　　　　样，我非常惊讶他真的成长了很多。
　　　　集合年轻人教他们做日本料理，我认为这对日本
　　　　料理功夫的提升是很有帮助的。我一直不认为日
　　　　本料理是讲究道理的东西，只是要想办法配合季
　　　　节推出美味的料理，希望自己能够努力做出世界
　　　　上所没有的日本料理。跟我这样的道路相比，小
　　　　山走的是更合逻辑的路，而且是按部就班地前
　　　　进。也就是如此，让他在自己选择的路上努力前

进，没有理由去阻止他，阻止他搞不好会产生反效果。

德　冈　小山师傅开办学校（平成调理师专门学校）的出发点应该是希望能够训练出拥有实战能力的料理人，也就是学成之后到餐厅马上可以发挥作用的人。我还真不希望小山师傅店里的生意太好，如果生意太好，他就没空经营学校，说得自私一点，我还是希望他能多培育一些有实战能力的料理人。

小　山　基本上，我希望一直到咽下最后一口气之前，自己都是一个料理人，想要当一家很棒的料理店的老板。即使是现在，我还是不愿意放下菜刀……对于这些年轻学子，我只希望可以将大师傅传授给我的技术以及从吉兆众多师兄那里所学到的各项事物、好的地方传达给大家；有这样的想法，我才会开办学校，学生人数真的很少，就算全员到齐，大概也不到一百人。再加上这里地方小，几乎所有的人我都认识。我自己也随时谨记大师傅的教诲"这可不是小山该有的水平"，以及其他的指点，认真地做好厨房里的每件工作。我认为这些年轻人也一样，就是喜欢料理所以才会来，因此该让他们见识到真正的料理人。我不希望他们看到的是老师的形象，我认为自己永远都只是料理人。

德　冈　希望小山师傅能永远保持这样的心。对于老师那个字眼，我本人是最讨厌的。如果以陶艺家为例的话，不管是工匠或是专业人士，一旦变成了老师，自己的作品就会失去原有的优点。而像鲁山人这样的大师所制作的陶艺品拿来盛装食物，会让食物的美味加分。希望小山师傅可以做到这点。

小　山　还是要专注于手上的工作，毕竟最初的三五年可是需要每天抱着菜刀，经过数不清的练习，才有机会成为独当一面的厨师。

德　冈　不过我最近突然发现，现在的年轻学徒都不会切到手。说到这点，以前我学艺的时候，到第三个月上切到了手。每天都切到手的话，刚开始还都是割得血流如注，后来就不会出血了，经历了这个过程之后，就算切的时候看着别处也不会切到手了。我从第三个月开始切到手，到前一段时间差不多半年切到一次手，现在已经有一年没有切到手了。所以从一开始就不会切到手说明他们还没有成为真正的职业厨师。

小　山　即使是切到手，只要半天伤口就可以结疤，大概已经习惯了。真的很不可思议，刚开始的时候，伤口还会发炎流脓，产生一堆问题。

德　冈　不一步步走到即使切到手也不会流血的地步，就
　　　不是真正的厨师，我也是这样过来的。再比方
　　　说，厨房里，每一个环节都有负责人。一旦成为
　　　负责人，没有得胃溃疡就表示这家伙不够认真。
　　　我们店里的每一个负责人都有胃溃疡，要是很认
　　　真地做事，从早上起床到晚上睡觉前，每分每秒
　　　都想着工作的事，这样的状况不得胃溃疡都很
　　　难。但是，如果能跨过这个难关，绝对可以独当
　　　一面。我认为没有得胃溃疡的人，想要成为独当
　　　一面的人实在是不太可能。

能够让顾客开心、获得幸福的工作

小　山　我之所以想办学校，主要是希望将大师傅教我的
　　　东西传授给年轻人，不过，最大的原因还是我无
　　　法离开厨房。

德　冈　小山师傅还可以写菜单。包括餐具搭配的考虑、
　　　菜单的安排、食材的调配，提供美食让客人享
　　　受，最后还可以收取费用。说实话，餐厅里最开
　　　心的就是写菜单的人。

小　山　也许真的如东家所说的，写菜单真的是件很开心的事。

德　冈　比方说，去开放式吧台的餐厅，只点自己喜欢吃的东西，当然也有不同的味道。但是，把配菜的主导权交给像我们这样的主厨，然后期待主厨所选择的料理都能令人满意，这可真是麻烦的事。

小　山　这可以说是作为一个主厨所要担负的责任。

德　冈　现在很多半吊子的店，墙上挂的都不是卷轴了，基本上都是画框。但是画框是没有季节感的。而使用卷轴，就是要每天选择最适合的字画，哪怕十位客人中只有一位注意到，也会觉得很开心，要抱着这样的情怀来做生意。

小　山　这和茶的情怀是一样的啊。

德　冈　应该就是岳父大人所说的茶道世界。

小　山　就是说要珍惜"一期一会"的机遇。

德　冈　十个客人只有一个客人觉得开心，或是只要有一个人觉得开心就很满足，我认为这种不能称为做生意。

小　山　只要努力做就能让客人开心的生意，好像不太容易，但却可以让自己获得幸福。

德　冈　我们的工作其实是讲究漂亮的工作，就算只是清理鲷鱼的内脏。说真的，新鲜鲷鱼的内脏也很漂亮。

小　山　味道也很好。日本的料理人，大部分都是以大师傅为目标。我自己也在努力，毕竟身为料理人，还是希望有一天能成为像大师傅一样的料理人。我现在常常为了授课去山口县。地方料理又是一大难题，要思考究竟有什么方法可以发挥乡土料理的特点。

德　冈　所谓的乡土料理，一定要想办法发挥当地食材的特色，那才真的是由每一个地方最美味的东西做成的料理。

小　山　去到地方，反而给了自己学习的机会。原本是去教课的，结果变成去上课了。

德　冈　前一阵子我去越前＊吃螃蟹，当地有特别的做法，很高兴有机会吃到当地的传统料理，虽然用的是同样的螃蟹，但越前的做法就是比较好吃。

汤　木　虽然"世界级的美食·日本料理"这句话是我无意中写下的，但是这正好成为我们的目标，不要忘掉这些优势，好好发挥日本料理的本色。

＊越前町为福井县岭北地方西端的一町。——译者注

发挥食材的美味

小　山　然而，对日本料理来说，最重要的究竟是什么？
　　　　接下来又该做些什么比较好？烤鱼、切食材、编
　　　　排菜单，看起来好像都学会了，不过学无止境，
　　　　还应该再继续学习。如果朝着这个目标继续往
　　　　前，究竟会遇到什么？

德　冈　我想最终还是会回到食材上来。就以白米为例，
　　　　只要是好米，煮饭的技术再糟，煮出来的白饭还
　　　　是一样好吃。像我们这种专业的厨师，即使是二
　　　　等米，也可以利用煮饭的技巧让白饭吃起来像一
　　　　等米。不过若是吃完后第二天还觉得神清气爽，
　　　　绝对是最好的食材。换句话说，厨艺的终点就是
　　　　食材。从昭和四十二年（1967）左右开始，我会
　　　　主动去认识那些在京都茄子、黄瓜、芋头的评比
　　　　大会上胜出的农家，希望可以采买他们生产的食
　　　　材。说真的，价格又便宜，质量又好。时间久
　　　　了，跟这些农家也熟了，他们会自动把最好的食
　　　　材送到吉兆来。在德岛只有小山师傅一家店可以
　　　　做到这点吧？

小　山　我觉得日本料理是最能发挥食材美味的料理……

汤　木　所以，我希望能大力推广"世界级的美食·日本

料理"。比方说，端出来的炖煮料理，顾客一举筷碰触到菜肴的瞬间，会觉得"哇，竟然是这样的感觉"，带给客人更多的惊喜，这也是日本料理的魅力所在，让客人满心期待地加以品尝。我可是投注了九十四年的生命在料理上，不过到现在还没办法完全掌握，却花了我一生的心血。

希望大家都能感受到日本料理是了不起的、足以向世界夸耀的美味。但是，世间有些不变的定律，正确的事通常都伴随着辛苦，所以得想办法克服。然而，日本料理中有一项很特别的东西，叫作茶道。我认为茶道在日本料理中占有相当重要的角色。我心中常常在想，要如何克服这个难题，即使面对的只有三四位客人，也要设法让他们感到满意。然后，努力实现自己的生存目标……

小山　大师傅提到实现自己的生存目标，我认为这是很了不起的事。我也是拜大师傅所赐，才有机会走上料理这条路。反正，就是一心朝向料理这条路，努力实践自己的人生目标。不过，这条路上也有许多找不到答案的事物，反正只要能努力学习就是件幸福的事。

去年我去法国的时候，实际体会到日本料理的优点，因此，今年要更努力学习。跟大师傅比起来，我只经历了一半的时间，所以接下来应该还有四十五年可以学习，可以说是从现在才开始。我真正踏进日本料理的世界，也不过是这二十多年的事。

德　冈　从十六岁到九十四岁，岳父大人的料理生涯长达七十八年。而我这四十一年的历练，根本是没得比，跟岳父大人相比，我大概只有一半的经历。

小　山　想要达到东家的经历，恐怕还需要好一段时间。大师傅可要好好保重身体，我会全力以赴的。

德　冈　岳父大人再过五年就九十九岁了。虽然说是五年，但是一眨眼就到了，再去参加五次的阿波舞祭典（笑）。

小　山　说到这里，我常常在想，大师傅到现在还是这么关心日本料理，我们这群就像是初出茅庐的小和尚，若不多努力一点可是不行。我是说真的。

希望大家能更尊重日本料理

汤　木　话说回来，讲到日本料理，我真的有种感觉，大家常过分舍弃日本料理的精神，这样即使做日本料理也做不出什么代表作。大家应该将日本料理看得更珍贵，更尊重日本料理才行。

从我的观点来看，不管在哪个方面，小山这孩子真的很可爱。所以，我希望小山的店能成为阿波地区的名店。阿波是个不错的地方，再加上，小山真的发挥他的本色制定营业方针建立起那家店。内心暗自为小山感到喜悦，看在这点的分上，可千万别搞砸了，但是如果不肯尝试新东西可是绝对不行的。

小　山　我的店规模真的很小。毕竟我是专业的料理人，到现在为止，我还是每天自己拿着菜刀，站在厨房努力工作。料理是我唯一会的技术，如果真要说自己擅长什么，我自己觉得应该就是做料理。还有，做料理是最有趣的。总而言之还需要继续努力……

德　冈　我最近也常常这么想。

汤　木　希望可以制定出一种体系，如果真的做出什么好料理，就可以让料理人得到应有的名誉和尊重，好比当别人提到料理餐厅就会想到小山的店那样。

小　山　听过这样的传言，好像吉兆会替员工制作西装。当时我只是小跑腿，这些跟我没有太大的关系，不过听说只要能想出好的菜色，大师傅就会送他一套西装，好像有谁收到过……

德　冈　至今还没有人收到过唷（笑）！不过，我真的是到了这个年纪，更觉得料理这份工作真的是很赞，毕竟能够带给别人喜悦的工作并不多。再者，我们一直提到料理与日本文化息息相关。料理与其他的职业究竟有什么不同？比方说像是挂轴、花瓶、食器，不管是八百年前平安时代的东西，或是六百年前足利时代的文物，只要情况需要，料理人就会用这些食器盛装丰盛的料理让客人享用。料理人也必须严选这些摆饰、挂轴、花瓶、食器，以及食材，到最后的调味究竟是太过还是不足，每一环节都会影响客人会不会再来光顾，这种胜负立见的工作我想应该只有料理界。

汤木　所谓的日本料理，特别在最后要结束的时候，是有不同风情的。

德冈　如果最后客人觉得再也吃不下任何东西，跟料理师傅说"我吃饱了，菜够了"，那么这家店就算失败了。相对地，如果客人觉得肚子已经很饱了，还想再吃一点，又不知道该点什么的时候，就会说"算了，如果再点菜的话，我又会想叫点白饭"。我个人追求的境界是客人准备结账离开的时候告诉我"真的吃得很饱，但是回到家，应该还会想再来碗乌冬面"。让客人饱到不行，甚至觉得连明天都可以不用吃，我想店家恐怕没有考虑到客人的状况而提供了过多的料理。

小　山　不过年轻的时候，总是希望可以尽量提供各式佳肴给客人。

德　冈　是呀，真的会这样想。

小　山　可说是费尽心力。

德　冈　用自己很有信心的食材做成的套餐，保证客人看了就会觉得肚子饿。如果端出来的是偷工减料的料理，马上就会浇熄客人的食欲。所以，只要是上等的食材，再多也吃得下。

汤　木　除了俄罗斯以外，我跑过很多地方，但是从来没看过任何国家的料理像日本料理般具有独特的气质。即使年龄日益增长，我还是乐在其中。这也使得我一直想要继续提升日本料理的层次，我甚至认为这已经是刻不容缓的事。

德　冈　岳父大人有远见可以看到这些深层的东西，我们真是甘拜下风。这才真的是了不起。

小　山　大师傅总是走在最前端，对我们这些后生晚辈来说，是最佳的模范，也让我们觉得不管有多辛苦都要坚持下去。

德　冈　大家是否真的能感受到这些真意，如果能像小山师傅所说的这样，倒真是令人开心的事。

汤　木　真的很幸福。

小　山　能够有机会跟大师傅这样一起用餐，我的内心真是充满感谢。

汤　木　我已经九十四岁啦！早晚会被后生晚辈超越的，都快没办法写菜单了。

德　冈　岳父大人说笑了，不光是菜单，还有很多事都要靠您调度。

汤　木　料理是要投注很多心力的。精心规划的菜单提供给客人，一旦客人感受到料理人的用心，体会料理所带来的喜悦，这种成就感是很有魔力的。该怎么形容这种魔力，真的可以说是世界级的感动。

小　山　是呀。能够有这样的夜晚跟大师傅一起度过，真是做梦都没想过的事。

汤　木　小山呀，要好好孝顺母亲，没事多陪伴她，这是你最大的福报。抛开一切的利害关系，不管怎样也要为母亲腌渍酸梅，这是我要拜托你的其中一件事。

小　山　今天真的很感谢大师傅的教诲。我这辈子都不会忘记的。

汤　木　自己本身一定要自重才不会被人看不起。办学校是件困难的事，所以一定要格外慎重行事。不管是在心里或是私底下，我都会双手合十祈祷你的成功。

小　山　真的是非常感谢大师傅。

德　冈　不过，如果每件事都进行得很顺利，反而是最恐怖的时候，千万要多留意。我们也时常警惕自己，特别是客人夸奖的时候，或是店里宾客满座的时候，尤其要注意。

汤　木　要做有意义的事。

小　山　真是非常感谢大师傅和东家。我真是太幸运了。

（1994 年 2 月，京都，岚山吉兆）

小山裕久
×
田崎真也

田崎真也

1958 年生于东京，1978 年远赴巴黎 Académie du Vin 学习葡萄酒的相关知识，仅仅两年就取得侍酒师（sommelier）的头衔，之后更持续拜访各酒庄，了解各产区的特色与差异。回到日本后，首先在东京的 Belle France 法国餐厅工作，三年后即在极负盛名的 Kisso 日本餐厅担任总侍酒师（chief sommelier）。

田崎陆续在国际上获得大奖，1983 年获得日本侍酒师大赛第六届冠军；1990 年获得法国举办的世界侍酒师大赛银牌；1995 年在世界侍酒师大赛拿到冠军，获得世界最佳侍酒师头衔，为第一位获得此荣誉的日本人。

现在的田崎真也身兼数职，不仅主持葡萄酒的电视节目、出版书籍、创办了 *Wine Life* 杂志，甚至自创品牌开发一系列的葡萄酒附件，如酒杯、开瓶器等。他是日本最著名的红酒专家与专业侍酒师。

美酒和美食

小　山　看到田崎先生的工作状态，感觉田崎先生除了精
　　　　通红酒，对日本酒和啤酒也都了如指掌，能够清楚
　　　　地加以说明，让我觉得相当了不起。感觉田崎先生
　　　　总是在思考究竟日本人该喝怎样的酒，究竟该提供
　　　　怎样的服务，等等。

　　　　我拜读过田崎先生的新书，由朝日选书出版的
　　　　《品尝日本酒》，内容真的非常有趣。对现在的日
　　　　本人来说，日本酒算是很难了解的东西。

田　崎　真的很难懂。虽然坊间有很多介绍日本酒的书籍，
　　　　不过其中有不少像是酒种目录，内容也使用许多日本
　　　　酒业界的专门用语，非专业人士根本看不懂，因此跟
　　　　消费者之间有很大的鸿沟。消费者就算看完也没办
　　　　法想象日本酒的滋味，更别说知道该选择哪一种酒
　　　　才是最合适的。结果还是只能买那些知名品牌的日
　　　　本酒，最后消费模式变成消费者买酒不是为了解味
　　　　道，而是品牌。

　　　　世界各地都是一样的，饮料的选单通常会用产地
　　　　或是种类来做区分，再从中挑选自己喜欢的制
　　　　造商或是自己可以负担的价位；反观日本酒的选
　　　　单中，往往都是以制造商为主，然后只列出品

牌名。

小　山　说到这个，葡萄的品种有很多，但是白米就只有几种，而且白米也不会因收成的年份不同而有太大的差别。因此，日本酒比较容易变成品牌导向。

田　崎　以前，不同地区由于土质不同，酿酒师傅的技术也会有所不同。当然，水质和白米的品种都不一样，但是一定要保留土地的传统滋味。说到这点，从国税局开始主办全国新酒评鉴会之后，反而让人搞不清楚这些日本酒究竟是为谁酿造的。站在主办单位的立场，当然是希望酿酒业者能酿制出容易入口的酒类，让消费量增加，这样一来国家才可以征收到更多的税金，所以才会想到要办新酒评鉴会，却也使得现在的日本酒逐渐丧失原来的多元性和地方特色。

小　山　这也是日本各地的酿酒厂越来越少的原因之一吧！

田　崎　我认为要严格要求酒的标识规范，看到标识，就能让消费者想象到品尝该酒时的风味。现在的日本酒，酒标上的说明文字往往过于难懂。比方说，吟酿是什么？山废是什么？[*]消费者根本就看不懂这些文字的意思，购买时只能凭直觉，选购一些感觉不错的酒。

小　山　我以前就有这样的感觉，应该不会只有纯米大吟酿才特别好喝。

田　崎　将白米加以研磨，让淀粉质越少越好，才能酿出所谓的大吟酿。同时，因为要使用纯米，所以要尽量增加米的用量。这也就是纯米大吟酿的矛盾之处。

另外，制造的过程中不能添加酒精这种说法，也会让人觉得如果不是纯米制造就不算日本酒。但是像波特酒和雪利酒都是传统有添加酒精的葡萄酒，^{**}如果波特酒和雪利酒大受欢迎，却批评日本

酒不能添加酒精，不是件很奇怪的事吗？

小　山　也就是说，他们不是经过自己品尝之后下的判断。

田　崎　没错。大家都是受到"纯米"的字眼影响而做出选择。事实上，清酒中的"吟酿香"添加酒精后会更加稳定。

究竟"日本料理"是什么

小　山　之前《朝日新闻》找我开一个专栏，内容是有关家庭料理的素材。那时候，我跟他们说我的专栏想取名为"日本料理"，结果他们竟然跟我说，这样的话会让读者以为我要谈的是餐厅料理。但是，事实上家庭料理也是日本料理，不是说只有餐厅里做的才叫日本料理。我是希望读者能够了解这个事实才想用这个名称，最后，我的专栏名称决定用"做一顿日本料理的晚饭"。

田　崎　正如小山师傅所说，家庭料理这种概念是很奇特的。不管是在法国还是在意大利，一般家庭做的料理，就叫作法国料理、意大利料理，绝对不是只有高级餐厅的菜色才叫法国料理。

小　山　在其他国家里，不管是精通厨艺的人还是不怎会做菜的人，大家都是站在同一条线上，如果是做意大利料理就会持续一直做下去。唯独在日本，这条线好像偏斜了。

田　崎　真的只有日本是这样，把日本料理和家庭料理分开。家庭料理这个词，要翻成外文解释给外国人听时，根本不知道该翻成什么。

小　山　对那些离开日本前往法国或是意大利学习料理的人来说，我想当地的人一定会问他们日本料理究竟是什么，但是我想他们应该回答不出来。

我自己也是一直到差不多十年前，前往法国参加讲习会时，才知道该如何回答这类的问题。因此，现在我最想做的事，就是在日本把日本料理的精华传给下一代。

最近好像有种趋势，认为日本料理太难，大家开始改做汉堡排、意大利面、麻婆豆腐。事实上并不是这样的，我觉得一定要传达给大家的是做日本料理一点也不困难，而是比大家想象的更有趣、更好吃，是家人聚在一起的时候能够共同享用的幸福滋味。我们得想办法让这个国家的人要以多吃日本料理、多喝日本酒为荣的时代来临才行。说真的，最不了解日本料理的人搞不好就是日本人。

田　崎　举个例子来说，针对时下年轻人所做的问卷调查，其中"妈妈的拿手菜"这个问题，得票数最高的竟然是咖喱饭。看到这个结果，不知道大家有何感想。我想也许会有人觉得咖喱饭都已经变成日本料理啦！

小　山　就像田崎先生所说的，对我们来说，在追求纯粹的日本料理、保持传统风格的同时，符合现代创意时尚风潮也非常重要。咖喱饭不只是单纯的融合，应该是创意时尚的日本料理。

以法国料理来说，在日本的法国料理，当然会配合日本人的口味加以调整，要说是地道的法国料理绝对是骗人的。也就是说，日本的法国料理和巴黎的绝对不会是一样的，是只有在东京才吃得到的法国料理。因为是使用了日本的青菜和鱼，配合日本的气温、湿度所做出来的法国料理。

田　崎　我个人觉得所谓的料理人，他们做料理的目的或多或少有些不同。也就是说，料理人做菜的时候多半想的是自我满足，他们并不是为了客人而做料理，而是为了完成自己心中对料理的印象。换句话说，他们觉得自己的料理是这样，法国料理一定是这样，因此他们做出来的法国料理就变成他们自己想象的模样。

小　山　我想是他们没有掌握住真正的核心，只想从外面守住形式。如果能够真正抓住核心，自然而然整个界限就会成形。

田　崎　最近的年轻人，从进入料理学校的阶段开始，似乎很多人就已经立定目标将来要去法国或是意大利。因此，他们十九岁从学校毕业之后，蜻蜓点水地工作一阵子，便前往法国或意大利学做料理。

　　　　现在，天妇罗、寿司已经成了国际共通的名称。而那些前往海外学习法国料理的人，为了增加菜单的娱乐效果而被要求做寿司，但是，他们根本没有真正做过日本料理，也就是他们根本没有做过握寿司，所以比那些法国人只学到皮毛的表面功夫更加惨不忍睹。有几次我看到前菜里加入了寿司，做得实在让人不敢恭维，询问之下竟然是日本师傅做的。

小　山　那些小伙子连高汤也不会煮。至于生鱼片，大部分人都不知道究竟该怎么切鱼。

田　崎　但是，这群小伙子在法国学习两三年之后，回到日本进入法国餐厅工作，更有甚者自己开店当起大厨。换句话说，他们的学习生涯中根本就没接触日本料理的经验，讽刺的是，他们主要的客人却是日本人，在这里就出现了落差。

小山　　相反，如果他们学完日本料理的做法之后才开始做法国料理，即使去法国只是负责员工伙食，他们也会很认真地制作日本料理。在我们学校里，对于将来想专攻法国料理的学生，我们还是会要求他们练习做日式蛋卷。另一方面，那些想要成为日本料理师傅的学生，也必须学习该怎么做法式菜肉卷。这样一来，他们真正进入厨房工作之后，就会更加珍惜自己的所学。我认为并不是单纯地引用其他料理加以融合，而是重视最根本的精神，这样才能把日本人的优点彻底发挥。

有一位在我们店里工作了五年的料理师傅，现在打算转型学习法国料理，他的厨艺相当优秀，鲷鱼切片功夫出众，也很擅长将根茎类的青菜切薄片。也就是说，他学会日本料理的基本功、手劲力道的运用之后，决定踏入法国料理的世界。如果要问日本人是不是真的能成为优秀的法国料理师傅，我想应该只有这些人才有机会办到。不过，至少得花上十年的工夫才有可能。

日本的"饮食"有可议之处

小　山　日本一般的家庭料理中，最大的问题出在使用太多的油。不管是马铃薯炖肉还是其他的料理，一开始一定会加一大匙的色拉油炒青菜。为什么一定要放油呢？只要放了牛肉就会产生油脂，那样的分量就足够了。只要加了色拉油的料理，红酒的酸味、单宁以及苦味全部都会被盖掉。这也就是为什么大家会说只有酒精浓度很强的红酒才能拿来搭配日本料理。

以前的日本料理是不放油的，油加得越多，料理就越难入味。另外，法国料理是用黄油进行乳化，中国料理则是用淀粉勾芡，虽然方法不同，但就是想办法要在油里进行调味。然而只有日本料理，早在数百年前就已经解决这个问题，现在的人若能想办法回归到日本料理的原点，日本料理跟红酒是很合的料理。

田　崎　这点倒是很有趣。现在日本的一般家庭会做的料理，大部分都是用酱油、味醂、糖等固定的调味料，就算使用的食材不一样，味道也都大同小异。以前的日本料理，应该也不会像现在用这么多糖吧！

小　山　没用那么多。我想是以前没有糖的关系吧！再加上以前是用陶锅，可以引出洋葱的甘甜和芋头的甜度进行调味。以前传统的日本料理，其实是一般家庭最容易做的料理。

田　崎　如果真要追究的话，的确有很多问题。比方说，食材就是其中之一。如果说用日本食材做的料理就是日本料理的话，那么一定会有人问，哪里可以买到真正的日本食材。

小　山　明石的鲷鱼应该算是具有代表性的食材。然而想要满足京都、大阪、东京等各地的需求量，明石鲷鱼的渔获量是绝对不够的。

田　崎　也就是因为这样，量少价格就提高，而贵的东西就会被认为是好吃的东西。如果沙丁鱼的产量突然减少，搞不好有一天沙丁鱼的价格会比鲔鱼还高。

小　山　比方说，大家观看网球时，会试着去了解网球的规则。就算是规则复杂的橄榄球，大家也还是会努力去搞懂那些规则。可是，对于食物的规则大家似乎都视而不见。

田　崎　我想这是因为从孩提时代开始，我们的教育并没有教导孩子有关食物感觉的养成。

小　山　没错，我个人认为这种养成教育是非常重要的。清楚地让孩子们了解到什么是真正的味道，他们知道这些味道之后，因而对某种味道特别喜欢，倒是无伤大雅，最麻烦的就是连真正的味道是什么也不知道就擅自决定好恶。

田　崎　电视上只要稍有名气的偶像艺人去某家烤肉店用餐，讲了一句"哇，肉好嫩唷"，那家店就莫名其妙地爆红。媒体的确可以创造热潮，这股热潮只能捧红品牌，没办法创造理论。也因此，热潮过去之后，那些店的人气也就急转直下，甚至回归于零。本来，应该是要利用这样的热潮，让市场更为宽广，让大家的喜好更为确定，也就是短暂的激情之后，留下真正的喜悦。

小　山　如果真的能够这样，那么就可以提升全民对饮食的关心度，而全世界的人都会想来日本品尝地道的日本料理，这样的时代应该就会到来。

田　崎　说实话，现在日本的饮食文化变成这样，我认为媒体要负大部分的责任。媒体常常利用民众的崇拜心理制造热潮，等到没有报道价值，又很快地淘汰这些热潮。就好比在红酒热结束之后，如果还继续喝红酒，就会变成落伍的人。真是感谢媒体的"厚爱"，就算大家都说红酒热已经结束，不过还是有很多人非常享受喝红酒的滋味和感觉。

从餐前酒的文化转变成搭配餐点的饮酒文化

小　山　之前，田崎先生请我喝过十年的老酒，那种酒原
　　　　本就是日本产的酒吗？

田　崎　昭和四十年代左右，磨米机的性能大幅提升，开
　　　　始有厂商多次研磨白米，生产出所谓的吟酿。不
　　　　过售价过高，当初只是试产用来测试市场的反
　　　　应，结果市场反应不太好，最后并没有卖完，要
　　　　丢掉也不是，所以就只好放着，不知不觉就变成
　　　　老酒，这样的酒在日本各地都还有许多。不过，
　　　　白米研磨过多的话，经年累月可以发生变化的要
　　　　素也几乎都消失了，所以放再久也不会产生什么
　　　　变化，就失去了老酒的意义。而有些酿酒厂不是
　　　　这样的，他们在酿酒的时候已经充分考虑了老酒
　　　　应有的特性。这些酿酒厂所酿的酒可是很有趣
　　　　的，对老酒有各种不同的理解。

小　山　老酒根据掺入的东西不同，就会产生新的个性，
　　　　就好像新日本集合艺术一样。

田　崎　根据当天的主菜，现场挑选一种品牌的老酒，调
　　　　配出最适合当天喝的酒品。要怎么样增加老酒的
　　　　多变性，其实是件很有趣的事。我曾经请很多法
　　　　国人喝过各式各样的日本酒，最让他们感兴趣的

就是老酒。

小　山　老酒有独特的个性。但是，除此之外，成分跟一般的日本酒一模一样。

田　崎　如果以红酒为例，容易入口其实也就意味着酒比较淡。比较淡的意思，通常是说使用的葡萄品种比较不好或是年份不好，换句话说就是便宜的酒。对日本人来说，最容易入口的就是最好的，但是从世界的观点来看，越是容易入口、吃起来很顺口的东西，越等于是很乏味的东西。好东西通常都带有独特的个性，味道强烈，具有冲击性。

小　山　原本的日本酒是不含单宁，酸味也不是那种隐藏在背后的酸味嘛！之前田崎先生请我喝的老酒，之所以觉得好喝是残留陈年的香味。这么看来，日本酒的领域真的很宽广。

田　崎　在酿酒试产所里，称那种香味为"陈香"，反而产生负面效果。也就是说，不可以用会产生负面形象的字眼。保有这种香味是日本酒的特色，研磨技术尚未提升的明治时期的酒，都有那样的香味。氨基酸和糖产生化学作用后形成的香味，跟酱油、味噌、高汤都很搭。

同样地，如果是搭配添加糖、味醂或是酱油味很重的东西一起吃，日本酒的香气就被削减掉。原本想要搭配日本酒一起用餐的安排就落空了，反而会因料理的味道太浓郁，趁转换料理的空当，用日本酒转换一下口中的味道。换句话说，喝酒变成像是喝水漱口。

小　山　我们希望可以让消费者把日本酒当作搭配餐点的饮料，而且可以让这种饮料与料理搭配得天衣无缝，但是现实生活中这个目标很难达成。

田　崎　日语词典里没有贴切的词语可以形容"用餐过程"。当然，也没有合适的词语可以形容我们所提的搭配餐点的饮料。说得更贴切一点，日本根本没有搭配餐点喝酒的概念。

小　山　在法国等地的用餐过程，随时随地都有酒。吃日本料理的时候虽然大家也会一边喝酒一边吃点东西，不过，酒过三巡之后，一定会问"差不多该用餐了吧"，接下来才会端出白饭、配菜，才展开所谓的正餐。简单来说，就是把用餐的时间延后，大家先喝点餐前酒。

田　崎　正是如此。日本有所谓的餐前酒，却没有搭配餐点一起饮用的酒。原本的正餐，也就是将白饭、味噌汤、酱菜端上桌的时候，接着就是准备端茶上桌。

小　山　很可惜，几乎没有任何的日本料理店、高级日本料理餐厅注意到这个问题。我的店是延续好几代的传统老店，我接手之后希望能够成为真正的餐厅。在这里，必须再一次重建日本的家庭料理和日本料理的核心，如果将日本古老的饮食文化直接带到现代的架构中，一定让人觉得很奇怪，而且格格不入，就好像现在的法国，应该也不是延续以前路易十六玛丽王后的饮食模式。现在的日本人可能为了谈生意、谈恋爱、谈人生而对餐点有不同的需求，究竟该怎么样利用日本料理来满足客人不同的需要，就是料理人要努力的地方。

田　崎　事实上，餐饮的形式在不断地改变。现在有很多人要喝酒会选择去居酒屋，然而客人也会点一些好吃的东西，边喝酒边吃菜，其实这就跟我们所强调的搭配餐点喝酒是相同的。尽管如此，那些居酒屋的师傅，还是认为他们自己做的是餐前酒的感觉，至于料理只是为了让客人多喝点酒的催化剂。

小　山　我想这也就是居酒屋的料理水平一直没办法提升的理由。

田　崎　想让日本酒呈现出新的形态，只有想办法重新定位日本酒，包装成搭配餐点喝的酒。这样一来，大家就会开始注重日本酒的多变性，挑选的时候不再只针对品牌或者是否容易入口为标准，而是以味道来选择。

美食家、饮酒行家

小　山　当初我在《做一顿日本料理的晚饭》这本书的后记写了"料理高手"的文章。"高手"这个名词在日语中通常会引起很好的回响。该怎么样才能成为大家所公认的料理高手？因此我提供了一些秘诀。

接着，我在这次的新书《做一顿日本料理的晚饭·续集》中又写了"煮饭高手"的文章。而煮饭这个字眼其实也含有饮食的意味，所以煮饭高手也就等于烹饪高手。内容除了准备饭菜的细节之外，也提及该如何进行餐桌上的对话，让用餐的人也能尽情享受饭菜。

就我所认识的人当中，有几位真的算是美食家，其中一位就是我的大师傅，吉兆的已故大老板汤木贞一。田崎先生应该也认识吧，用餐能够那么典雅的人，我这辈子没见过第二个，举例来说，他去吃法国菜，就连刀、叉的摆放位置都像图画一样！

田　崎　就好像日本的茶道精神。也可以说他的用心达到了极致。

小　山　就因为自己从事料理的工作，因此当自己转换成享用料理的角色时，更要吃得有品位。再者，他在用餐席间制造话题的功力也是相当高的。

田　崎　我也写过一本《红酒高手》的书。在那之前，我还写过《红酒生活》的书，内容强调的不是红酒的深奥知识，而是要大家依照自己的喜好去享受红酒，让大家觉得喝红酒本身就是件让人开心的事。而这次所写的《红酒高手》，则是针对酿制过程，跟前一本相比，内容算是比较有难度的。

为什么我要写这本书，对于那些自己可以找到享受方法的读者来说，如果他们能再多知道一些不同的事，品味的范围就会变得更宽广。刚开始的模式最好是很自由的、按照自己的喜好，等到把这些部分都完成了，就应该多学习各种知识，才能让品味的范畴更广。因为这样的理由，我把我的书取名为《红酒高手》。

日本酒也一样，能够自由随性地饮用，大部分人也都在这个阶段就停住。如果能够知道得更清楚，就会找到更多品尝日本酒的方法，不会像现在这样，大家只会点冷酒和温酒。其实有很多人在点酒的时候，根本就不知道自己点的是怎样的酒。为了克服这样的窘境，我特别写了《品尝日本酒》一书，希望提供给大家更多的信息。

小　山　换个话题，田崎先生应该很能喝吧！应该可以知道自己喝到怎样算是微醺、感觉很好，但是再喝下去就要醉了吧！

田　崎　当然知道咯！因为烂醉如泥的经验太多了（笑）。

小　山　如果喝到七分醉，变得有点多话，往往可以让气氛变得非常融洽。刚好适合稍稍放肆的气氛，不过要做到这点得有很好的自制力，也可以说是饮酒行家。

田　崎　所谓的饮酒行家，就是不会给别人造成麻烦的人。

小　山　那美食家又怎么定义？

田　崎　我想应该还是不会给别人造成麻烦的人吧！再者，就是要能让周遭感到舒适的人。

小　山　我也想成为这种美食家。

小山裕久
×
石锅裕

石锅裕

1948年生于神奈川县。二十三岁前往法国几家知名餐厅习艺，五年后归国担任日本六本木 BISTRO·LOTUS 的主厨，1982年，石锅裕三十四岁时于东京西麻布开了第一家法式餐厅 Queen Alice，运用创意与巧思将法国料理讲究精致的烹调技巧用于日本的传统食材，于日本料理界一举成名，成为日本法国料理界的代表人物。1993年日本富士电视台"料理铁人"节目中第一代的法国料理铁人，即邀请石锅裕担任。目前在日本东京、横滨等地拥有十多家餐厅。

曾是美国前第一夫人杰奎琳·肯尼迪·奥纳西斯的贴身厨师。担任于冲绳举办的"西方七国首脑会议"餐饮总主厨，并曾于2000年应台北来来饭店邀请至台献艺。

美味的认知已经改变

石　锅　这次在布里斯托（巴黎五星级饭店 Hotel Le Bristol）所举办的美食祭情况如何？听说盛况空前。

小　山　托您的福。五天的活动期间都是客满，忙得不可开交，但是一切都还蛮顺利的。

石　锅　跟三年前大不相同吧？

小　山　是呀（笑）！当初还好有石锅主厨的帮忙，不过那个时候用不惯当地的厨房设备，频频被火烫到（笑）。经过这几年，我觉得变化最大的反而是法国人，从客人的反应和工作人员的态度中，可以感觉到他们对日本料理有相当程度的了解。

石　锅　我想这是因为法国料理逐渐式微，真正的有钱人也越来越少，世界各地都倾向制作比较朴实的料理，对于美味的认知也变得国际化。

小　山　现在，最受欢迎的就是龙虾肉丸和清炖鲷鱼。

石　锅　因为龙虾肉丸和法式肉丸差不多嘛。

小　山　除此之外，他们觉得日本的汤很好。虽然我不太肯定他们是否真的能体会添加柴鱼片后高汤的美味，但是他们却告诉我汤是最好的。当然，我们是从日本带整条柴鱼干到法国，就跟在店里一样，等客人点菜后现刨柴鱼片来熬煮高汤和调味。

石锅　正是如此，就好像现在的法国料理，如果没有肉汁清汤，就好像没有什么味道。偶尔想说应该有人会做肉汁清汤，结果竟然是添加香料调制的替代品，反而变成味道很奇怪的东西。所以，如果能像以前一样，肉就该有肉的味道，鸡就有鸡的风味，这种原汁原味的东西搞不好可以让消费者产生更大的冲击。

小山　是呀！他们第一次喝到我们的汤，根本不相信这种高汤是只用柴鱼片和昆布熬煮而成的，他们甚至问我是不是用牛肉煮的。

石锅　对法国人来说，柴鱼片和昆布不过是"鱼"和"海草"，只会让他们想到腥味。

小山　但是，我相当感谢他们能够体会高汤的美味。体会盐分的平衡，看起来是世界共通的。

法国料理是"控制火"，日本料理则是"控制水"

小山　即使是如此，回想起三年前第一次进到法国人的厨房，可真是把我吓坏了。如果要问日本料理和

174

法国料理有什么不一样，真的是天壤之别。总之，法国料理的厨房就是"火"，所有的工作细节都跟火有关。

石　锅　这倒是，全部都跟火有关。

小　山　明火烤炉（salamander，靠辐射法导热）、瓦斯炉、烤箱（oven，靠对流法导热）、铁板，全部都是要用到火的设备。

石　锅　所以法国料理的厨房很热呀（笑）！

小　山　日本料理的厨房就没那么热啦！景象完全不一样，根据我的了解，应该只有日本料理是如此。为什么我会这么说呢？主要是日本料理都是"水"。大家都说日本是"水之国"，我想这该归因于日本是岛国，河川又多，加上水质好的关系。事实上，连空气中也有很多水分，日本人体内的水分多，鱼肉类和蔬菜也富含水分。反观法国，空气干燥，法国人皮肤也比较干，肉类、鱼类和蔬菜的水分也都偏少。所以，法国料理所使用的食材绝对不会是湿答答的，反而是水分不断地被蒸发掉。

石　锅　所以法国料理讲究的是"浓缩凝结"。食材本身含水量不多，因此他们要做的不是发挥水分的效用，而是想办法去除水分。也就是如此，法国料理用了很多火。比方说，要让肉熟透，就得想办法把水分沥干，让滋味更棒。

小山　因此，法国料理中即使有液体，那也不是水。即使是酱汁，也跟日本的高汤是截然不同的东西。真要说的话，应该算是"精华液"的感觉。完全是浓缩凝结而成的。而日本的高汤不是几乎100%都是"水"吗？虽然说添加了昆布和柴鱼片，但是这些大概占不到1%的比例。换句话说，喝高汤跟喝水没两样。相反，如果要说有什么方法可以让大家喝好喝的水，应该可以说是日本料理的高汤。

石锅　没错，两者正好相反。举例来说，以前在法国如果喝太多水，别人会嘲笑，"难不成你是青蛙？"一直到70年代左右，当时的社会风气还是认为用餐的时候饮用红酒以外的饮料是很奇怪的。即使到了今天，法国的品酒师仍然不愿意卖水。从文化史的角度来看，如此轻视水的国家应该只有法国。

小山　法国的厨房之所以会那么热，恐怕也是脱水和凝结所导致的。

石锅　应该是吧！这是因为"浓缩凝结"的料理方法已经确立。此外，干涸的地方比较适合油的存在，换句话说，法国料理是油的文化，日本料理则是水的文化。以化妆品来做比喻，日本是化妆水，而法国则是油类。

小　山　所谓的油其实也就是"火"，如果从这点切入去考虑，两者之间的差异应该就一目了然。

石　锅　法国料理是讲究如何控制火，而日本料理是讲究如何控制水。总之，在日本料理的世界，用不同的水就会让料理产生极大的不同。

小　山　正因为如此，自来水会成为很大的瓶颈。比方说，豆腐的成分中有98%的水。如果用的是水质很好的水，豆腐自然会很美味。就连清洗鱼的水，也会因着使用的水质不同而影响到生鱼片的香气和滋味。

石　锅　荞麦面也是一样，起锅后用水质好的冷水洗除面条上的黏液与涩味，香气就会散发出来。虽然法国料理中也同样强调好水的必要性，但并没有像日本料理要求得这么严格。

小　山　我对法国料理感到最伤脑筋的，就是他们惯用的铝锅真的很难用。法国的厚底锅跟我们的雪平锅完全不一样，包括火的加热方法、保持热度的方法等等。

石　锅　真的不一样。

小　山　简单来说，日本料理很少用大火。要是像法国料理那样用大火加热，水分就全跑光了，味道也全走了样。大概只要五秒钟，就能让盐分浓度倍增（笑）。但是，法国料理一般来说炖干了味道也不会改变，应该已经不是靠水分来控制味道了。

石　锅　没错。总而言之，水分只是单纯的水分，有很多方法可以让水分蒸发，接着再让汁液完全凝结。如果添加酱汁，就可以从酱汁表面泡沫的形状来判断料理炖煮的程度。

小　山　做法国料理的人，真的都会很注意去看酱汁表面的泡沫。

石　锅　如果那个时候没有仔细观察泡沫的黏度、光泽，料理会变得很奇怪。不过日本料理不需要浓缩凝结，所以就不会产生这样的问题，日本料理都是从水开始就可以直接做料理的。相反，法国料理比较少用到水。即使是炖煮料理，除了食材本身含有的水分之外，只会再加一点水后就盖上锅盖煮。虽然说会添加一点水，但是分量真的很有限。再者，这样的液体需求有时候用红酒或是肉汤（Bouillon）替代效果会更好。

因为食材不同，所以方法也改变了

小　山　法国因为环境比较干燥，所以食材本身蕴含的水分也比较少。就连水里的鱼感觉水分都少了些，说起来有点让人难以相信，但是这是真的。

石　锅　真的是这样。

小　山　在日本，很多鱼切片之后，鱼肉表面就会水嫩水嫩的。在法国几乎没有这种鱼，大部分的鱼都是干爽的，比较像肉的感觉。

石　锅　法国的鱼不知道是纤维比较多，还是比较强韧，只要一加热，就特别好吃。

小　山　之前我在法国品尝奶油煎比目鱼（Sole Meuniere，裹面粉轻煎），细看鱼的剖面，才发现鱼肉里面渗透了大量的黄油。也可以说整块鱼肉里都是黄油。然而，日本吃到的奶油煎比目鱼，感觉比较像清蒸比目鱼，黄油只能包裹外围却没办法浸渗到中心部位。难道所谓的煎鱼就是要先把鱼本身的水分除去后，才能让黄油浸渗到鱼肉的内部吗？

石　锅　没错。

小　山　这也让我想到，日本的鱼本身富含水分，因此在水分排除的过程中，就已经将鱼煮熟了，所以黄油没办法浸渗到鱼肉的内部。相对地，法国的鱼

179

因为水分较少，很快就能将水分全部排除，因此黄油可以渗透到鱼肉的中心部位。

石　锅　法国人原本就不怎么喜欢吃鱼，如果不能充分散发动物性脂肪的香味，会让人觉得有腥味而不愿意吃鱼。

小　山　想请教石锅师傅，究竟该怎么做，才能让日本的鱼也能煎出那种风味呢？

石　锅　将陶器用火加热后，再把鱼放在陶器中煎就可以了。但是陶器碰到强火很容易裂开。因此，加热的时候留心不要把陶器烧裂，自然便会以小火慢慢煎。仔细观察鱼肉本身释放出来的水分和黄油经过加热后所产生的泡沫，等到黄油完全融化后，就可以考虑改变加热方式，将鱼移到铁板上继续煎。

小　山　对我们来说，如果有人说可以用平底锅煎鱼的话，直觉就是这样会让表面变得焦黄，但事实上并不是如此的。

石　锅　没错。就拿奶油煎比目鱼来说，如果水分全部蒸发了，就会让黄油烧焦，因此就要想办法，怎样可以不把黄油烧焦又可以散发出迷人的香味。

小　山　油一旦加热之后，火就会变得更强，因此食材本身的水分还没有完全排除之前，外侧就已经煮好了……

石　锅　其实也没有这么夸张啦！只要考虑鱼的大小和蕴含的水分多寡就可以了。举例来说，如果是鲈鱼，皮下胶质比较多，如果要干煎，不用大火是没办法完全煎熟的。

小　山　原来如此。也就是说，如果要煎鲈鱼或鲑鱼之类的，跟煎鲷鱼或比目鱼，它们表皮的烧烤程度和让鱼肉的中心部位熟透的方法，都是不一样的。

石　锅　不过，我想法国人应该没有想这么多（笑）！

小　山　照您这么说，不考虑这些也可以做出美味的料理吗？法国的鱼、火候的控制、油的用量等等，都配合得恰到好处。相对地，日本的鱼水分比较多，中心部位的温度比较不容易上升。而且在煎的过程中，因为会不断地释放出水分，又会让温度下降。

石　锅　很容易变得皱巴巴的。这是因为表皮煎过之后就容易变皱。

小　山　因此，想要在日本做法国料理，不管是煮鱼还是青菜，都必须要能真正了解到食材上的差异，重新找寻料理的模式。如果不能做到这步是不会成功的。

石　锅　这也关系到他们的目标究竟是什么，毕竟日本人和法国人在生理构造上是不一样的。

小　山　是呀！身体里的水分含量也不同。日本人对于日本的鱼、日本的料理方式还是比较容易找到平衡点的。

石　锅　因此，那些受到法国影响的人，或是只吃过一回法国料理的人，会觉得法国的料理才是最好的。相对于这些人，其他人也极有可能会觉得"味道很不错，但是不合我的口味"。为什么会有这样两极化的反应，作为一个料理人，不去了解其中的道理是不行的，因为现实生活中，料理需要更多的人性元素。

简单反而难做的日本料理，复杂反而容易的法国料理

小　山　不过，我也了解到只要一进到法国料理的厨房，包括人员编制、各种使用规则都区分得非常清楚。

石　锅　从下到上依序组成整体骨架，就好像金字塔一样。如果拿鸡来做比喻，鸡皮就是要烤得香脆，除去油分，留下香味才会好吃，而鸡肉部分则是要肉质软嫩才会可口，骨头则是最适合用来炖煮高汤。也就是说，利用不同的方法将一只鸡的各

种美味要素发挥出来，再将这些美味加以组合。法国料理厨房的根本应该就是这样架构而成的。

小　山　相比之下，日本料理好像是连个小阁楼都没有的平房，一下子就可以爬到最高点。换个角度来看，往下掉的速度也很惊人，很快就掉到底。然而我想要做的料理，就是让人能够彻底了解到这点的料理。

石　锅　一下子就把美味全部表现出来的料理，是不具备时间持续力的。而最大的关键，就在水质。

小　山　比方说石锅主厨所做的奶油芦笋汤，从思考料理的方式来区分的话，应该算是日本料理吧！做法很简单，将芦笋放进食物调理机只加水打碎，然后再添加一点牛奶让口感更浓醇，属于瞬间的美味。

石　锅　正如小山师傅所说的。虽然不像日本料理那么极端，但是其实法国料理放久了也不好吃。总而言之，要让料理在美味的赏味期限内送达客人的桌上（笑）。不管是什么时代，那些每天现熬高汤的人还是持续每天熬煮。然而直到冰箱问市，让他们不能忍受的时代来临了……

小　山　冰箱真的是要命的发明。石锅主厨难道不觉得就是因为有了冰箱，所以许多料理人的想法都产生了偏差吗？

石　锅　没错。应该说是文明越进步，反而使得料理技术越退步。所以使用的餐具器皿还是越简单越好，有关这方面的道理，真的很希望年轻人能够理解。

小　山　说到年轻人，他们学习料理的方法跟我们有很大的差别。首先，日本料理的技术项目相较于其他料理算是很少的。

石　锅　是这样吗？

小　山　是呀。比方说，切、烤、炖、天妇罗、照烧、高汤。熬煮高汤也没有太繁复的工序。如果是法式牛肉汤（Fond de Veau），要如何将骨头烤至金黄色，肉的切割方式，还有制作过程等等，都是重点，各种程序相当繁复。相较之下，日本料理的做法比较简单明确，只要有心想做，所有的基本功一两年内都可以学会。不过接下来的二十年左右都是重复做同样的事，要做到熟能生巧是需要花时间的。

石　锅　我去教法国料理的时候常常会说一句话，如果完全依照我教的去做，应该可以做出同样的东西，这是因为有食谱。但是，之前我打算照食谱来做料理，却发现实际做起来还是有很大的差异。

小　山　不过，如果是日本料理，就算有食谱，也绝对做不出相同的东西（笑）。举例来说，食谱上会写该如何切鲷鱼片吗？应该只会写"去鳞，洗净，用菜刀切"。

石　锅　（笑）

小　山　根本不会写别的。就算写，大概也是"切漂亮点"（笑）。到底怎样才算"切得漂亮"，最初可能是刀子不会切到骨头，接着，下一次是要让鱼片切完有光泽。但是即使到了这个境界，一般客人根本没办法体会差异何在。如果不这样一直训练自己提升技术也是不行的，就好像棒球选手，如果不利用每天挥棒练习找手感，正式比赛来临时是打不到球的；料理的基本功不够扎实，就会让料理的架构全盘崩溃。从结果来看，就因为日本料理很简单，所以学习上就显得更困难。而法国料理虽然很繁复，相对来说练习是合理的，因此从某方面来说，可以算是容易学的料理。

石　锅　的确，来学法国料理的，几乎都是完全没有料理经验的人，只是因为单纯地喜欢料理，但是这些人当中有人甚至能成为米其林认定的三星主厨。这也是由于法国料理的理论和概念都是确实可以做参考的。

小　山　反观日本料理，与其说是呈现个人的料理概念，倒不如说是展现个人的料理技术，比方说应该这样用菜刀切等等。单以刀工这点来看，从年轻时就必须进行体能锻炼，对于只是想玩票的人来说有很高的进入门槛。但是，只是考虑概念的这种观点显然相当薄弱。而法国料理有很合理的进阶之路，进展到某种程度之后，下一步的起点是可以看得到的。

石　锅　但是，所谓法国料理开始追求个人概念也是最近几年的事。

总而言之，虽然大家常常提到传统法式，但究竟是什么意思，大家不能不知道。所谓传统法式，就是把肉、青菜、红酒摆在一起让它们合而为一的料理。以牛肉块来说，由牛骨头和小腿肉所炖煮而成的西式高汤、烤得很漂亮的肉块，把两者合而为一，再加上红酒调味……每一样食材都有各自的旋律，将这些旋律组合成完美的协奏曲。就这样，将每个组成部分的优点和香气充分发挥，再经过繁复的组合，换句话说，这才是传统的法式料理。因此，如果大家听到传统的法式料理就认为是以前的东西，可就大错特错了。这里所指的并不是单纯的古老料理，而是强调经过繁复旋律组合的"传统手法"。

但是，随着时代氛围的改变以及整体人口的增加，现今的世界显得拥挤呆板，因此像这样的协奏曲也有可能被嫌老套。但是，莫扎特永远是莫扎特，美妙的旋律还是美妙的。因此，不论想要第一小节的柔美旋律，还是没办法表现这么长的旋律选择以短曲来发挥，请找到自己位置后再来判断，这也才是所谓的"捕捉时代"。

说到年轻人究竟该怎么学习，我想首先是要学习传统。完成这样的学习之后，就要学着因应时代。身处于继承传统和因应时代之间的料理人，有必要去思考合适的料理方法。

接着，要讨论的就是观点的问题。怎样做会有怎样的结果，大家应该都有这一类的个人经验，像是这种情况下最好该关火了，瓦斯炉比较好用还是电力炉比较好用，这些关于食材和料理设备的资料，就要看个人收集的功力了。

各种捕捉时代的方式

小山　以我来说，思考的就是传统的日本料理是什么。

老实说，到今天我也无法确定。虽然我一直努力地想把技术传承下去，如果要谈到系统的方法，到目前也还没整理出来，自己也还在摸索当中……

世俗对日本料理的看法，都觉得很重视摆设、餐具、传达的风味，忽略了料理的本质。比方说，生鱼片的美味、烤鱼的滋味、烫青菜的味道等等这些最基本的东西，反而没有被大家所重视。总之，单靠知识是没办法去讲述美味的根源的。

举例来说，大家都说日本料理很重视四季的变化，但这样的季节性是真的吗？比方说有时候水温一个月也不上升，鱼群也不出现，青菜也不发芽，风刮起来还是冷飕飕的……虽然这些状况明确地显示出季节的特性，不过还是有人无视这些，只是一味地为日历所左右。其实，我认为大家应该以自己起床时肌肤所感受到的温度来推算鱼肉的变化，感觉季节性。

随着这样的变化，人们好不容易回归重新检验真正美味和纯粹技术的时期。实际上，在美食风潮里四处找寻的人们，最终会回归原点，追求高汤或是生鱼片滋味的本质。

石锅　这个世间，当原有架构变化之际，便会跑出很多有价值的东西。就好像天然的食材、水质好的水等等都开始丧失的时候，大家才会猛然发现这个问题。不过，发现的时机似乎嫌晚了点……但这也就是所谓的文明吧！

小　山　不管怎么说，日本的饮食文化的确在逐渐成熟。跟我们年轻的时候相比，现在的环境应该变得比较好吧！

石　锅　环境真的是比较好。

小　山　因此，日本料理也必须要能因应环境的变化才行。所谓的变化，指的并不是要不要使用洋式的材料，而是日本料理本身所产生的进化。谈到进化，必须仔细追究该怎么切、怎么烤、怎样炖煮这些技术的原点。事实上，现在已经进入这种时代。我相信在不久的将来，就会有人将日本料理技术和方法的优点以更清楚明了的形式向全世界传送。这是我管窥法国的料理之后产生的想法。

石　锅　毕竟，看到跟自己完全相反的东西，才会真正注意到属于自己的本质。我自己也是在观察了其他料理之后，才发现法国料理的合理性是多么了不起的事。

小　山　接下来要问个问题，从石锅主厨的观点来看，今后日本料理的方向究竟如何？

石　锅　这个嘛……日本料理里刀工是非常重要的，然而如果从现今时代的观点来看，问题不仅仅是刀工，当然也不仅仅是火候。比如调味方法也可能成为问题，举个例子，小山师傅如果用法国产的鱼来做生鱼片，新鲜度也是一大问题，所以要添加一点薄盐。这样一来，不仅可以消除鱼的腥味，还可以带出鱼的鲜美，就连法国人都可以吃得津津有味——这就是进行国际化而得到认同，换句话说这也是现代的料理方法。

事实上，现在筑地卖的鱼有八成是外国产的渔获，日本本地的天然渔获真的很少。就因为如此，只靠基本功是没办法应付的，该怎么样才能带出食材的滋味、用火微烤让味道更浓郁等步骤，都是非常重要的。也就是说，为了捕捉时代，料理方法当然也要有所变化才行。

小　山　想要做到这一步，更有必要树立传统技术。如果能做到这点，就能进化成现代的日本料理。

石　锅　我也是这么想。

小　山　但是即使如此，在讨论技术或任何其他东西之前，最终追求的还是那份对客人的体贴。不管是法国料理还是日本料理都一样。就好比现在这一刻、这个地方，该如何让坐在店里的客人享受到幸福的感觉，这样的心思也就是所谓的料理。如果没有爱是绝对做不到的。

石　锅　虽然也有人说料理不是爱，但是我认为这样的说法绝对是错误的。

小　山　正如石锅主厨所说的，除此之外没有其他的。究竟对客人注入多少的爱，可以决定料理的滋味，当然基本功是非常重要的，捕捉时代的变化也有其必要性，然而追根究底，我想还是对人的体贴。

（1995 年 11 月，东京·广尾，

Queen Alice 大使馆）

小山裕久

╳

贝尔纳·卢瓦索

贝尔纳·卢瓦索

法国知名度最高的厨师之一，1951 年出生于法国中央山地的小村，十七岁就在名厨 Troisgros 兄弟身边实习，1972 年起则跟随 Claude Verger 工作于 La Barrière de Clichy。1975 年 Verger 买下了举世闻名的金岸餐厅（La Côte d'Or），贝尔纳被拔擢为金岸餐厅的新主厨，1982 年贝尔纳又从 Verger 手中买下金岸餐厅，重新打造这块百年招牌，扩大改建成顶级的旅馆餐厅，1985 年起让金岸登上全球最尊贵的休闲旅馆餐厅 Relais & Châteaux 名录。

1984 年 Hachette 指南封他为"四十岁以下最佳厨师"。1986 年 Gault-Millau 指南给他 19 分的至高评价，获选为"年度最佳厨师"。1990 年 Gault-Millau 指南更加赠几乎完美的 0.5 分，是法国史上少数拿到 19.5 分的厨师（该指南满分为 20 分）。1991 年，米其林指南（Michelin Guide）终于颁给他第三颗星星，确定留名法国厨艺青史，堪称厨师界的最高荣耀。

贝尔纳不断钻研厨技，出版过八本重量级的美食书，也拿下许多大奖。对法国现代厨艺最大的影响来自他对新厨艺（Nouvelle Cuisine）理念的推动，提倡更清淡、健康，使用更少酱汁，低热量，开创了一个更现代、更有世界观的美食境界。

2003 年 2 月 24 日，贝尔纳举枪自杀身亡。一般认为与 Gault-Millau 指南 2003 年版将贝尔纳·卢瓦索的金岸餐厅由原本的 19 分降为 17 分有关，举世哗然。

找到美味的顶点

卢瓦索　因为对料理的见解跟小山师傅很相似，所以我一直很想好好地跟小山师傅聊聊。能够再次见到小山师傅，真的很开心。

这次虽然是我第一次到德岛，不过讲习会上大家的反应和那股弥漫的热情，真是让我非常高兴。而且在青柳吃到小山师傅做的菜，真是美味极了。还有，这是第一次吃香鱼，选在6月1日来到德岛，真是太幸运啦！

小　山　卢瓦索主厨来的时间刚刚好，香鱼正好是从那天开始解禁。

卢瓦索　香鱼最重要的优点，在于它的内脏带有一点苦味。一咬下去，鱼肚里的香气和滋味瞬间便会散发出来……

小　山　这也就是它叫"香鱼"的原因吧。那种香味正是它的价值所在。也就因为这样，吃香鱼的时候必须连内脏一起吃，因此烧烤的技术层面上有相当高的要求。日本料理的烧烤物中，盐烤香鱼应该是对火候要求最严苛的一项料理。因此应该称得上是"烤鱼之王"。

卢瓦索　用餐之前，如果让客人看到现烤鲜活乱跳的香鱼，搞不好会让客人更有吃的意愿。

小　山　河里的鱼，只要离开水很短的时间就会变得不新鲜。

吃香鱼的时候一定不能少的就是蓼叶醋*，普通的餐厅也会把醋稀释，然后将香鱼蘸醋食用。

以前，在索略（Saulieu）的金岸餐厅品尝卢瓦索主厨亲手做的特制青蛙料理时，看到主厨用意大利香芹泥调制的白色酱汁，当时就联想到我们店里的蓼叶醋。主厨的做菜风格跟我真的很像。

卢瓦索　没错。小山师傅所做的蓼叶醋，和我特制的香芹酱汁和大蒜泥的确是很相似的。铺在食材下方的酱汁和蘸着用的酱汁浓稠度当然不一样，换句话说，虽然有些地方不一样，但是基本的思考模式、精神概念是很相似的。

小　山　这道嫩煎蛙腿肉，毫无疑问是法国料理。但是究竟是怎么做的呢？

卢瓦索　首先用黄油、大蒜将蛙腿煎熟，再撒上意大利香芹。这道菜的确相当好吃，不过油脂比较多，连我都会觉得有点反胃。

---

* 蓼是生长于日本各地的水边植物，有清爽的香味和带点辛味的后味。——译者注

小　山　应该有什么方法可以降低这种油腻的感觉。

卢瓦索　如果想让嫩煎蛙腿不那么油腻，可以用吸油的餐巾纸拭掉多余的油分。大蒜在烹调过程中经过多次加水炖煮，原本强烈的刺鼻臭味已经不存在，但大蒜的风味仍然保留在料理中，至于香芹泥则不用黄油改用柠檬调味，让料理的口感更清爽。

这道料理会不会好吃，端看这三者的组合是否能找到平衡。

就好像小山师傅在我店里所感觉到的一样，这段时间我在青柳接触到许多不同的日本料理，真的让我觉得跟我在法国所做的料理很相似。

举个例子，首先，一道料理上桌前，很多工作必须同时进行，大家都是为了尽快完成料理而站在厨房。这点让我非常有同感。

为了发挥食材本身的滋味，我会将肉、青菜和酱汁用不同的锅调理，最后要上菜时再一起放入。

还有，青柳的汤真的很好喝，"煮汤用的高汤"煮好的瞬间，汤里放入鱼肉加热的瞬间等等，都配合得恰到好处。这也是我想瞄准的目标，从这点可以发现我跟小山师傅在意的东西是相同的。

小　山　我曾提过"捕捉时间的料理"，但是不可以事先就把青菜、鱼肉切好，装盘。因为食材和空气接触后表面容易产生氧化，美味和养分都会迅速流失，滋味也会消失不见。

比方说，处理海鳗是非常花时间的。因此我听说有很多店家会一早就把海鳗处理好，然后放在冰箱冷藏，等到晚上开店的时候再使用。

但是在我的店里，通常都是等客人指名要吃海鳗盖饭时，我才会在客人面前进行宰杀和烹煮。

卢瓦索　还是要现做的料理，口感才能松软又够味道。

我的店也是一样，客人光顾之前，厨房里事先什么准备也不做。等到客人来店里，大家马上进入备战状态，迅速拿出所有的食材，而且没有任何不必要的装饰，这些不必要的东西常常会影响料理的滋味。

总而言之，就是在最短的时间内完成，属于瞬间的料理。相应地，这样的料理不能放太久。

小　山　因为要计算客人的用餐速度调整出菜的节奏，希望客人能够享受食材最美味的瞬间，但是客人往往只顾着抽烟、聊天，根本连筷子也不动一下，让人觉得泄气。

卢瓦索　精心计算出怎么样可以让最好的食材发挥出最佳风味的时间点，算好节奏准备料理。换句话说，就是把所有的赌注押在时间上。

另外，海鳗盖饭里蛋的火候更是绝妙，这样的调理方式让食材的原味发挥到极致。通过这样的方式，把料理的成熟度提升到最高境界。我想应该没有人会不喜欢这道料理。

并不是只有在特定的地方，或是只有会做特定料理的料理人，才能做出具有原创性的料理，这才应该是今后料理的发展趋势。我想这也是我跟小山师傅之间的共通点。

水是世界上最好的酱汁

小　山　就在卢瓦索主厨来德岛的前几天，我刚去了法国中部的奥弗涅（Auvergne）一趟，也顺道去了卢瓦索主厨的故乡克莱蒙费朗（Clermont-Ferrand）。真的是很好的地方。

卢瓦索　真的？你去那儿做什么？

小　山　去那里拍富维克矿泉水（Volvic）的宣传照。

卢瓦索　富维克的工厂？我知道那里。我也曾经去过那里。那边的土壤是火山岩层，所以水质非常好。而且水量非常充沛，排名世界前列。

小　山　我完全了解为什么富维克可以有那么好的水质。

在日本也是一样，火山岩层土壤的水质非常好，而那样的美味是很相近的。不过在日本为了安全起见，大家第一个想到的就是杀菌，但是富维克的水源是在奥弗涅国家公园里，周遭的环境受到完善的保护。从水源区直接用水管引水到工厂内，在完全与外界隔绝的状况下进行装瓶，这点让我相当惊讶。

另外，站在常绿阔叶树林围绕的克莱蒙费朗，让我误以为自己身在日本，地形的相似度也让我吃惊。

卢瓦索　因为克莱蒙费朗是盆地，可以蓄积水，因此水量相当充沛。

小　山　可能是水质好的关系，青菜和火腿的味道都相当好，另外，干酪的味道更是好到没话说。我这样定期来法国差不多有五年了，不过，这次是我第一次觉得干酪很好吃。

卢瓦索　所以我说水是世界上最好的酱汁。没有颜色，没有香气，没有味道，只是确实地衬托出食材本身的滋味。这就是我"水的料理"的哲学。

其他主厨也许会用酒精或鲜黄油提味，但是我却认为这些反而会掩盖食材本身的滋味，因此无臭无味的水反而能将食材本身的滋味发挥到极致。

小　山　我也是主张日本料理是水的料理。前几天，卢瓦索主厨曾经夸赞过我们店里的汤很好喝，其实那也是水质好的关系。

日本料理的高汤是由柴鱼片和昆布熬煮而成，可以说99.9%都是水组成的。而且高汤是日本料理的原点，所以使用什么样的水质，对料理的滋味会产生很大的影响。

从结果来看，最重要的就是水。

举例来说，要煮出好吃的白饭，唯一的调味料就是水。换句话说，不管多好的白米，如果用的是不好的水，就不可能煮出好吃的白饭。

而卢瓦索主厨的考虑，不想抹杀食材本身的滋味所以只用水调味，将食材本身的美味完全浓缩，在料理完成的瞬间呈现出完整的面貌。而日本料理的做法则是让水扮演更具主体性的角色。水质的好坏决定高汤的滋味，而高汤又是所有日本料理的基本要素。总之，水可以说是最重要的食材。

我在法国主办日本料理研习会的时候，发现巴黎的自来水真的不适合拿来做料理。而我们在德岛用来煮菜的锦龙水，是一种山泉水，在法国跟这种水质最相近的应该就是富维克的水。

水在法国料理中所扮演的角色，可以说与法国酱汁或法国牛肉汤同等级的。换句话说，想做出美味的牛肉汤需要水质好的水，想熬煮出好滋味的汤，水质好的水也是绝对必要的。

就好像认定水是食材的一部分一样，做料理时有意识的思考也是不能少的。

卢瓦索　虽然小山师傅能够了解我的料理，不过在法国，即使大家说到水的料理，接受程度还是有些差异。

有些人认为我把食材切得细细小小的，称我的料理为"弹珠料理"，或是我不喜欢添加一些无用的东西，所以说我的料理是"极简主义料理"等等，我也曾经被新闻记者修理得很惨，曾经有段时间很多人对我的料理无法理解，甚至在背后说我的店只不过是索略的快餐餐厅。

但是不管他们怎么说，我算是带动革命的人，也凭着这些革新的料理得到米其林三星的肯定。

捕捉时代的改变，重新架构现代风

小　山　大约四年前，我们一行八人前往金岸餐厅朝圣，品尝卢瓦索主厨引以为豪的奶油酱汁佐蒸鸡的料理，那道料理是用布雷斯（Bresse）鸡做的，一只鸡是两人份，不过那天我一个人就吃了一整只鸡。

当时我身旁坐的是位女士，光是前面几道菜就已经让她饱到不行。我把自己的那一份吃完之后，旁边的女士看到我的盘子空了，便很贴心地将我的盘子拿走，将自己的盘子端给我说"不介意的话，再来一份"。由于自己也是厨师，将心比心，厨师都不希望看到客人剩下一堆，所以我只好拼老命把那一盘也吃光了。实在是吃太多，肚子胀得很不舒服，因此几乎是一回到房间就倒在床上，根本爬不起来。

但是，说真的那滋味好得不得了。而且，料理让人完全没有负担。蒸这种料理方式在日本可以说是相当普遍，但是在法国料理中却是很少见的。也可能是有点日本料理的风味，或是说比较接近日本料理的关系，吃起来毫无负担感。

卢瓦索 以前的主厨亚历山大·迪迈耶（Alexandre Dumaine）曾经制作添加奶油酱汁的鸡肉香肠，我只是将这道传统料理加以改良，呈现出清新没负担的风貌。这道料理用的鸡是有"鸡中之后"美誉的极品布雷斯鸡，将韭葱、胡萝卜、鸡肝塞入鸡身，然后在鸡皮和鸡肉之间塞入松露切片。最后连同鸡肉和牛肉熬煮的清汤、波特酒和白兰地一起放进容器中蒸。

最初蒸时，香味不够，味道也不好，经过无数次的研究改进，逐渐地美味完全可以浓缩于汤里，蒸气充满香味，滋味也变得可口。

小　山　在丰衣足食的时代，健康取向的料理通常会受到很高的评价。

卢瓦索　在我的孩提时代，因着环境的关系常常吃很多青菜，然而在今天，我倒希望可以回到过去的时光。现在客人对食物的要求也都是健康取向，最好是低油脂，不要造成肠胃的负担等等。针对这些需求，我们经过各种尝试，总算找到现在这种尽量少用鲜奶油和黄油的做法。

酱汁用的是鲜奶油，不会太黏腻，感觉比较清爽。刚开始时，我的确很烦恼究竟该怎么办，还好青菜泥让我联想到用这种方法。

至于甜点部分，则是减少糖的用量，满足客人对于减轻负担的要求。

不过，即使说是水的料理，但是料理完成的时候可不能水水的，而且也不可能完全不用奶油和油类。之前讲习会中谈到前菜，教大家怎么做"螃蟹节瓜（zucchini）球"，炒节瓜的时候通常会用到大量的橄榄油，但是，橄榄油的提味效果真的很好。

大家仔细想想看，祖母或是妈妈的料理，是不是很接近所谓水的料理。比方说，烤牛肉的煎锅上留有肉汁的精华，婆婆妈妈们通常不会浪费，她们会加水调味制作酱汁。我从小就看着她们这样做，可说是耳濡目染，况且我母亲的厨艺非常好，她总是做很好吃的东西给我吃。

这也许正是我可以得到米其林三星肯定的原因。

饮食的经历、舌尖的记忆、少年的心

卢瓦索　总之，不管是料理人或是新闻记者，不能不知道什么叫极致的味道。一旦知道什么叫极致，接下来的一切就都会在自己的掌握之中。然而，为了做出好吃的料理，还是得遍尝美食才行。对料理人来说，脑海的记忆对于自己做料理的时候是非常重要的。

小　山　的确如此。舌尖的记忆可以靠训练来维持。

在日本有所谓的"口味传三代"的说法，也就是小时候所吃的食物会产生很大的影响。

我自己的老家就是做料理的，所以在食物上来说，我从小就比别人幸运。料理人的守则就是要睡在可以闻到高汤味道的地方，老家就是料理店，所以我从小就在这样的环境长大，有很多机会可以观察到原来高汤是这样熬煮而成的，很自然地耳濡目染。我能有今天，孩提时代的记忆说不定是很关键的要素。

卢瓦索　我的状况，除了刚刚提到受母亲的影响之外，另一个重要的因素应该就是大自然。我常常去森林散步，摘香菇，采野生的果实，捕蜊蛄虾等等，通过与大自然的接触，养成日后我做料理时一定要使用新鲜食材的风格。即使到现在，我还是常常会去莫尔旺的森林里打猎，因为只要让自己回到小时候的记忆和环境，就很容易想到各式各样的料理点子。

小　山　卢瓦索主厨的意思是如果没有赤子之心，就没办法成为优秀的料理人。

　　　　料理评论家山本益博对法国的每位料理天王都一定会问的问题，就是成为优秀料理人的条件究竟是什么。举例来说，保罗·博古斯（Paul Bocuse）就举出四个条件，首先要有职业道德，其次要拥有做出更棒的食物的欲望，第三是要健康，最后则是要有爱人的心……

卢瓦索　该具备的条件都被博古斯主厨讲完了，所以我好像没什么可说的。如果硬要再加些条件的话，我想应该就是宽大的心，以及对料理的热情。毕竟一个人只有两只手，能做的事情有限，因此一起工作的伙伴们会是最大的助力。

小　山　如果是我，我可能还会再加一条，就是必须有桀骜不驯的个性。优柔寡断是绝对不行的，做料理必须在当下做出实时的判断，然而，想要做果决的判断，多多少少要有点桀骜不驯的个性吧！

卢瓦索　我常常被说是冲动、莽撞又任性。然而这样的个性才有机会突飞猛进，而且非常热情。的确有些地方显得孩子气，不管三七二十一就是要快快快，没有一刻能够慢下来。即使是吃苹果、谈生意、开车都一样，而且还有句口头禅"我可是用时速 240 公里的速度在活"。

　　　　然而，我也可以仔细聆听别人的意见并加以思考。我想就是这样才能维持平衡。

小　山　还有，我们两个都是壮汉（笑），这个共通点算不算加分呀？

卢瓦索　想要指挥数十人的员工队伍，能在体型上保有一定程度的威严绝对不会是减分就对了。

没有好食材是无法做出美味的料理的

卢瓦索　我的立场与其说是做料理，其实比较像是交响乐的指挥者。就连提供服务的考虑上，究竟什么才是最重要的，我也必须事事操心。不能做得不够，但是做太多也不行。

小　山　这应该就是所谓的"过犹不及"。

卢瓦索　装料理的器皿上，没有任何多余的装饰，显得非常简单。换句话说，唯一的焦点就是口味。

小　山　正因为是这样，能不能取得好的食材就变成决定成败的关键。

卢瓦索　没错。像这样强调食材重要性的思维方式，日本料理应该也有吧？只是料理的方式不同而已。

小　山　对日本料理来说，好的食材当然非常重要，此外还要添加季节性的要素，也就是说时令这个元素也是非常重要的。

卢瓦索　除了要求食材的新鲜度，条件允许的状况下，我通常希望可以用本地的食材，但是如果当地的食材无法满足时，也只好选用质量比较好的外国食材。对于价格倒不需要太在意，因为最重要的应该是食材质量的好坏。
　　　　基本上来说，最好是选择农家栽种的有机蔬菜，也就是没有农药或添加物的新鲜食材。

即使是鸽子，也要选那种吃好饲料、好东西长大的鸽子。如果选来当食材的鸽子当初吃的是很差的饲料，那么不管外形看起来多棒，就算是我或是小山师傅，也没办法做出好吃的料理。

将严格挑选过的食材通过简单的料理方式，把食材的原味浓缩做成料理，就是我所说的水的料理。

小　山　如果按照卢瓦索主厨的说法，德岛拥有丰富的优质食材，对于做料理的我来说是最大的财富。山珍海味应有尽有。如果有空，务必让我带您参观一下市场。

在市场里，随处可见鸣门海峡中与涡流对抗的鲷鱼，我们有自信绝对是日本第一。肉质细嫩，味道绝妙，很容易就会上瘾的。

卢瓦索　真可惜，我不能吃生鱼片，没办法品尝到小山师傅引以为傲的鱼，不过，这里的阿波牛味道竟然不输神户牛，这点真是让我大开眼界。

换个话题，我是1951年生的，冒昧请问小山师傅是哪一年出生的？

小　　山　我是1949年出生的……

卢瓦索　那年的葡萄酒可是极品唷（笑）。我出生那年的葡萄酒完全不行。

20 世纪，可是说是由埃斯科菲耶（A. Escoffier）揭开序幕，到罗比雄（Joël Robuchon）画下句点。在法国，我大概比其他的料理人快上二十年。其他的料理人还是一样，仍然继续使用黄油和鲜奶油，而且不打算改变。

然而几位知名主厨像是米歇尔·布拉（Michel Bras）、阿兰·迪卡斯（Alain Ducasse）、奥利维耶·罗琳格（Olivier Roellinger）等人，都跟我拥有共通的信念，于是我们一起开始朝新的方向努力。不过，这个新方向并不是我所强调的水的料理，而是所谓的地方料理。比方说，米歇尔·布拉立足于奥弗涅，奥利维耶·罗琳格的据点在布列塔尼，而我则是钟情于勃艮第，我们都希望能够将这些地方的料理发扬光大，所以打算在各自的地盘将当地的乡土料理变化成世俗可以接受的美味。于是，我开始分析这个地区的传统料理，准备重新架构乡土料理以配合时代的改变。

在法国不只在大都市，许多米其林三星的餐厅隐藏在乡间小镇。料理人来到拥有优质食材的地方，就可以做出美味的料理。相反，如果没有好的食材，纵使有厨艺高超的料理人也很难做出可口的菜肴。

法国料理由我打开了 21 世纪的大门，至于日本料理，就要麻烦小山师傅想办法开创一番天地。

说到这儿，小山师傅有没有打算在东京开分店？

在东京引发一场食材大革命。

小　山　我会努力。

卢瓦索　开业那天我一定会到场祝贺的。不过，水该怎么办？

小　山　这实在是让人很困扰的事。对我们两人来说，在 21 世纪，水可是很重要的。

卢瓦索　在索略，只要转开水龙头，就会流出很棒的水。

小　山　德岛也有很好的山泉水。不过，不管是德岛或是索略，都算是乡下地方。

卢瓦索　要不要缔结成姐妹市？

小　山　不错的提议唷。

卢瓦索　虽然说是乡下，但是从巴黎到蒙巴尔城（Montbard）搭 TGV 高速列车只不过一个小时的车程。从蒙巴尔城车站到餐厅坐车约十五分钟，非常方便。即使是日本客人应该也能够轻松找到，所以希望能有更多的日本客人来我店里品尝我的料理。

小　山　受到阪神大地震破坏而暂停营业的神户店，我希望能早日重新开业。

（1996 年 6 月，德岛，平成调理师专门学校）

211

小山裕久
×
陈建一

陈建一

1956 年生于东京，玉川大学文学部英美文学科毕业。父亲为四川料理名厨陈建民，将各类四川名菜口味适当调整并带入日本，让四川菜成为日本最受欢迎的中华料理。陈建一大学毕业后跟随父亲修业，任职四川饭店主厨。1993 年起参加日本富士电视台"料理铁人"电视节目，担任中华料理铁人，至 1999 年最后一期节目为止，是唯一一位不曾被替换的料理铁人，创下六十五胜十七败二和的战绩，也让他成为日本料理界最著名的中华料理代表人。现任四川饭店董事长，并创办陈建一麻婆豆腐店，持续将四川料理在日本发扬光大。

"爱是做菜最重要的秘诀"，是陈建一最著名的料理理念。

中华料理的关键在于事前的准备功夫

小　山　陈师傅是几岁开始接触料理的?

　陈　要说正式开始接触料理应该是大学毕业以后。不过，大学毕业之前，因为打工的关系其实也都有接触。日式餐点、西餐都做过。当然，最后还是少不了要做中华料理。此外，跑堂服务等等也都做过，因为我很喜欢这些。

小　山　从孩提时代就喜欢吗?

　陈　才怪（爆笑），还是小孩的时候，怎么可能一早就提着菜刀，然后抓着炒菜锅整天不放（笑）。顶多是好玩碰碰而已。该怎么说呢? 就是偶尔自己煮碗泡面，不过汤的做法跟一般的方式不一样。

小　山　陈师傅应该算是家学渊源，看久了总是多少会一点吧!

　陈　这也是我后来会走进厨房的原因之一吧! 前辈教我很多，跟着前辈学，也就是边看边学。

小　山　在中华料理界，有那种比方说要从洗锅开始学起的规定吗?

　陈　在我店里有这种规矩，洗锅的下一步是备料。

小　山　什么是备料?

　陈　就是泡海参、择青菜之类。

小　山　也就是事前的准备。

　　陈　没错，就是做一些准备工作，我认为这是最重要的。对年轻孩子来说，这可算是相当粗重的工作。看着他们装满水准备发鱼翅，要把鱼翅泡开可说是件相当大的工程。一般来说，一次的量相当大，又重，相当吃力。做完这些之后，就得学会看点菜单。

小　山　这样才能让客人点的菜正确地让厨房里的师傅们知道。

　　陈　下一步就是三厨。

小　山　切丝、传菜。

　　陈　没错。再接下来就是前菜。然后是二厨、大厨。

小　山　也就是从三厨的位置开始把厨房里的事情都做一遍。然后是二厨，接下来就可以拿锅掌厨了？

　　陈　不，没那么快。还得接受训练。总而言之，还是做事前准备。至于到了一厨就是所谓炒饭之类的主要料理。

小　山　在那之后才能拿锅咯！

　　陈　是呀！

小　山　这么说来，负责拿锅掌厨的工作里，还有再细分负责项目吗？

　　陈　如果真要我说究竟哪一部分的工作比较重要，其实我觉得真的是准备工作。当然，调味也是很关键的。但是，我认为做料理最重要的就是要面对不同的食材做不同的处理。

以前的四川饭店体系，我接手之后就完全改变了。总而言之，泡海参是件很重要的工作，新进的学徒一定要有个资深的师兄带着。除此之外，拿锅掌厨就算是一厨。凡事必须按部就班，不然是无法持续的。

小　山　再者就是火候的控制，如果不经过学习思考，不可能把这些东西全部学会。

陈　正是如此。因此，我要求每个工作人员都要轮流接触每项工作。尽管如此，学习看点菜单是很重要的一部分，点菜单等于是发号司令的人，因此一定要头脑很好的人才能担负这样的责任。需要有人从旁辅佐，而这就是我们这群人的职责。

小　山　看来要能独当一面需要很久时间。

陈　这倒是真的（笑）。

小　山　那甜点怎么办？

陈　我们店里现在是由师傅负责。说到师傅，其实他们是有能力拿锅掌厨的。以前我也曾经让负责准备工作的新人负责，但是现在已经不这么做了，毕竟他们只有两三年的经验，要把他们做的东西拿给客人实在是拿不出手，所以现在是由有十年经验的资深师傅担任。

小　山　陈师傅的安排不照牌理出牌，真的很有趣。从这点来说，中华料理可以说是最复杂的。

　　陈　倒也不尽然。不同的派别，做法大不相同。

小　山　那么，如果去广东就会看到截然不同做法咯！

　　陈　没错，做法完全不同。

四川料理的干货和广东料理的煲汤差别背景在于地形

　　陈　《专门料理》关于中华料理的部分，介绍有关内脏的料理，还开了一个专栏，内容相当实用。看到这些介绍，对于那些从来没有用过的食材，也不禁会想拿来试试看。

小　山　是呀，有一些干货还蛮常用的。

　　陈　另外，像是黄喉之类的得事先泡开。这样一来，吃起来的口感是脆脆的。四川当地有卖发好的，但是日本没的买，所以只能买干货，买回来之后就像发海参一样用热水浸泡。发好的黄喉，比白木耳更有弹性，吃起来有嘎吱嘎吱的口感，也就是所谓的软骨。食用的时候，会觉得齿间有咬到东西，发出嘎吱嘎吱的声音。在四川，这样的食材通常会被拿来涮火锅。

小　山　哇，那用什么汤？

　陈　辣的锅底。有花椒、辣椒、豆瓣酱。当然，火锅里添加的食材很多，包括鸡的内脏、牛肉、鸡胸肉、鱼肉、泥鳅等等。然后，在这火锅里放入黄喉。火锅的每一道食材都有自己的势力范围，就好像是猜拳猜输的人，就会落到最中间最难拿的地方（笑）。

小　山　中华料理里常常会看到墨鱼干。

　陈　墨鱼干通常会放一个晚上进行发泡，这样一来，会变得柔软有弹性。尤其是四川人特别喜欢吃墨鱼，四川是内陆省份不靠海，所以对发海参、鱼翅特别在行。

小　山　那这些可以算是四川料理吗？

　陈　不，不能这么说。做料理的方法和使用食材的方式是不一样的。广东料理最重要的就是煲汤，对于煲汤可以说是不计成本。换句话说，料理的重点都放在汤上，相对地，料理方法却相当简单。此外，酱汁也扮演着画龙点睛的角色，鱼翅的做法就是最好的例证。首先将土鸡、发好的鱼翅块放进汤里，用蒸笼蒸，这算是主流的做法，食用的时候再加红醋提味。尤其是香港人，吃鱼翅的时候一定要加的调味料就是红醋。由于鱼翅本身富含胶质，为了让胶质更滑顺好入口，需要借助红醋的帮忙。

小　山　喔，原来还有这层考虑。

　　陈　这种红醋的原料是杨梅。

小　山　真的吗？高知也有，不过杨梅是德岛的名产。

　　陈　是吗？

不管是西餐还是日本料理都有可学习的地方

小　山　中华料理的世界里，几乎没看到什么女厨师。

　　陈　不会，现在很多地方都开始有女厨师。说真的，让女性负责前菜或点心，效果真的不错。

小　山　还有包饺子等等。

　　陈　是呀！中华料理的锅很重，没有一定的体力是难以负担的。可是现在有很多女性也照拿不误，尤其在中国大陆有很多女厨师。

小　山　中华料理的锅放了油之后不是很重吗？拿得动吗？

　　陈　拿得动，而且还很灵巧呢！不过老实说，真正拿锅掌厨的女性还是少数，绝大部分是负责做饺子、点心之类的。

即使是这样，还是有手艺很巧的女厨师，她们会展现不同的技巧，雕出来的西瓜还真是让人爱不释手，也能雕出立体的图案。有时候看到让人觉得那应该当作收藏品而不是拿来装饰菜肴。

小　山　（边品尝料理边说）这道菜是用什么调味的呢？

陈　糖醋。本来应该要加的是醪糟，那是一种用糯米和酒糟混合成的像甜酒一样的调味料。今天的加了糖，标准的做法是不加糖只用醪糟。

小　山　照陈师傅的说法，我们小时候吃的糖醋料理，跟现在的做法完全不同咯！这种坚果真的很好吃。吃起来很香脆，还有嘎吱嘎吱的声音。

陈　口感很好吧！

小　山　像这样的构想，日本料理中倒是很少见。

陈　会吗？中华料理常常使用坚果类，我在西餐和日本料理中也常看到这些食材。不过可能料理的方法有所不同。所以我才说要学习的东西太多了，如果把西餐、日本料理、中华料理合在一起的话，应该有很多不同的可能性。但是，毕竟这里是日本，还是应该以日本料理为中心，究竟该做怎样的风味，才是重点所在。

小　山　照陈师傅所说的，我们店里也会用一些西餐的食材，像是小牛胸腺（ris de veau）。

陈　之前好像听小山师傅提过。

小山　松松脆脆的……

陈　西餐料理中常常利用这种松脆的食材，搭配上新鲜的鹅肝，可以说是绝妙组合。

小山　如果要说口感，倒是有点中华风。

陈　小牛胸腺这道料理，常去高级餐厅的消费者也许知道，我想一般人大多不知道有这么道料理。

小山　经过油炸之后会变得很酥脆。如果在中华料理店会用什么形式呈现？比如浇汁勾芡……

陈　我想这种食材还是要呈现酥脆感比较好。小山师傅说到用油炸，因此我想用煎的应该也不错。用煎的会呈现焦黄色，而且口感会脆脆的。这样的话，会让消费者更容易品尝。

小山　最好不要让内层软绵绵，连中心部位都要煎得酥酥的。

陈　嗯，搞不好也可以。

小山　因为煎得酥脆，再勾芡恐怕会破坏那种口感……

陈　这样反而很有趣。

小山　如果内层是松软绵密，感觉就有点像法国料理，所以最好是连中心部位都煎得酥酥的。然后，再用勾芡或是其他方式让外层变得软滑容易入口，我觉得这样一来味道反而会更好也说不定。但是不要变成常态的菜单，毕竟小牛胸腺不是随手可得的便宜食材，所以偶尔当作特别料理的方式提供给客人就可以。就好像中华料理的开胃小菜中出现丁香鱼干，是一样的道理。

陈　另外，就是鲤鱼的料理。可以将鲤鱼油炸制造酥脆的口感，再跟其他食材一起烩煮，或是先用油炸后再进行腌渍等两种做法。

小　山　像这样的做法，我倒觉得挺适合拿来当作前菜。

陈　应该也可以唷！

香港料理好吃的原因

小　山　说到四川料理，感觉上需要用很多锅。但是，广东料理需要的锅数顶多一个或两个。

陈　说实在的，如果是我自己掌厨做定食，只要有一口锅就足够，外加上一个竹制锅铲就能简单搞定。

小　山　但是，感觉上四川人总是摆得满满的锅。

陈　那应该是以前想偷懒的人想出来的点子吧！

小　山　不知道从哪儿来的信息，我想象中的四川人总是用很多的锅，而厨房里的锅总是叠得高高的。负责洗锅的学徒总是在拼命地洗锅，闲的时间里就一直空炒锅，直到锅被烧得红通通的。对我而言，四川料理的厨房就是这个样子。

陈　事实上也就跟小山师傅说的一样。为什么会这么说，其实麻婆豆腐是最好的例子，四川料理中很多都是炒的料理。所谓的炒，就是要让水分充分蒸发，食材变得有点焦黄才行。炒完菜的锅底部多多少少有一点焦黑，但这些焦黑又不能混入菜肴里。这才叫作真正的炒菜。

小　山　原来是这么回事。

陈　和广东料理不一样的是，四川料理多半需要长时间地煮。因此，相对来说，四川料理算是用锅比较多的料理。

小　山　不是那种煮熟就可以起锅的料理。

陈　广东料理多半是在添加高汤之后就可以起锅的。

大家都说香港的料理很好吃，我个人也觉得真的很好吃。香港临海，有很新鲜的食材可以用，而且购买食材的费用也比在日本来得便宜许多，真是得天独厚。

当然，如果到一定位阶以上的话，人工费用会大幅提升，不过年轻小伙子的薪资倒是格外便宜。假如在香港经营一家店，材料费用会占到成本

的 40%—45%。相对地，在日本如果材料费占到
40%，店里的经营就没办法继续维持。两地的差
距一目了然。所以，香港的料理没有不好吃的道
理，好吃是理所当然的。

小　山　食材又便宜。

　　陈　因为离内地很近，青菜也很不错。再来就是土鸡。

小　山　的确，香港的鸡真是好吃。

　　陈　说到这点，跟日本截然不同。猪肉也很好吃。这
些得天独厚的条件，所以大家都说香港的中国料
理很好吃。

小　山　如果把相同的东西带去日本，大概要两倍以上的价钱？

　　陈　是呀！但是，香港做的四川料理不好吃也是理所
当然。香港以广东料理为主，所以四川料理在香
港无法成为主流菜色。

　　　　相反，如果去四川省问当地人知不知道广东料
理，他们的反应可能是"喔？"或者会问那是什
么，这是同样的道理。

小　山　说真的，四川和广东之间的距离，比日本到韩国
还远。就连语言也完全不同，因此最好把对方当
作是国外，或许是比较好的想法。

（1993 年 7 月，德岛，平成调理师专门学校）

小山裕久

×

贝尔纳·帕科

贝尔纳·帕科

米其林三星餐厅众神的食堂（L'Ambroisie）的主厨，早年跟随法国最著名的布哈吉耶妈妈（La Mère Brazier，法国厨艺史上的传奇人物，史上首位同时有两家餐厅被米林指南评选为三星级）实习，三十岁就成为 Vivarois de Claude Peyrot 的主厨，三年后自行创业，二十二个月后拿下米其林两颗星的荣耀，平了若埃尔·罗比雄的纪录，并在 1998 年拿到米其林第三颗星，之后长达十九年都维持着米其林三星主厨的头衔。

在法国料理界中，众神的食堂坚持着法国美食传统保守的路线，以厨艺近乎完美著称。

2007 年英国饮食杂志 *Resturant* 所评选的全球最好的五十家餐厅（The S.Pellegrino World's 50 Best Restaurants），众神的食堂名列第二十三。

些许的感性和熟练的工作本质

帕　科　小山师傅愿意跟巴黎阿西娜饭店的法籍工作人员
　　　　共事，而这些料理人完全不了解日本料理，这种
　　　　勇气真是太让我佩服！我认为这次的尝试非常值
　　　　得喝彩，换作是我，叫我去日本，到一个从来
　　　　没接触过法国料理的厨房，和一群专业厨师工
　　　　作，我从来不觉得自己可以做这样的事。我想大
　　　　部分的法国人，对于日本料理大概只知道寿司和
　　　　天妇罗。至于日本料理对于精神面的讲究，我想
　　　　应该是完全不了解才对，要在这样的状况下一起
　　　　工作，应该是相当辛苦的。然而，小山师傅却愿
　　　　意来挑战这样的任务，我相信绝对不会是白费功
　　　　夫。因为，绝对有值得学习的地方。

小　山　我个人认为这次是非常难得的机会。从训练的第
　　　　一天开始，每天都在跟法国的工作人员争论不休
　　　　（笑）。的确，想让他们了解日本料理的本质，真
　　　　的需要花时间。不过，我认为法国料理和日本料
　　　　理的难点是一样的。所谓的料理，最要紧的就是
　　　　要能捕捉时间。而每种料理最美味的时间点都各
　　　　有不同，该怎么在料理美味达到顶点的瞬间送到
　　　　客人面前供客人品尝，是门很深奥的学问。比方

说，用多种食材组合进行料理的时候，根据食材的不同，料理的时间也会有所不同。如果没办法确实掌握这些关键点，绝对不可能做出美味的料理。

帕　科　这点真的很重要。这也是我们身为专业厨师的重责大任。从结果来看，必要条件是些许的感性，以及熟练的工作本质。

小　山　我个人认为调味料能够被接受的程度深浅，在于高汤的浓郁度。因此，该如何提升高汤的浓郁度就变成重要的问题。

帕　科　以法国料理来说，也有所谓的基础牛肉汤。这种法式牛肉汤最重要的就是熬煮的部分，要经过很多次的过滤才能够让牛肉汤清澈无杂质，也就是浓缩凝结出最好的质量。

小　山　我也是尽量让高汤的味道浓郁，这样调味的时候就可以尽可能越淡越好，最终可以找出最佳的平衡点。

帕　科　正是如此。与其在最后调味的时候从最上面把味道盖下来，还不如加强料理本身的滋味，我店里也是这样做，这样才是基础。牛肉、野鸡、鹧鸪、牛尾等等，都是熬煮得越久味道越好。

小　山　像是有名的红酒炖牛尾，不管什么时候吃都好吃。像那种朴实不花哨的料理要怎么样变得更有品味，才能成为餐厅菜单里的一项选择，我个人认为是件很困难的事。我曾经试图要把传统料理变成可以在餐厅贩卖的菜色，这项工作可是让我吃足苦头。想要保留原本的优势再提升品味，实际操作上是有相当难度的。

帕 科 我的店被米其林评为三星的时候，有很多新闻媒体对我的店赞不绝口。其中，还有地方性媒体首次对米其林三星餐厅做出赞赏的评论，他们在报道中写着，总算可以在米其林三星餐厅中吃到炖牛尾了（笑）。我非常喜欢这道菜，所以他们这样报道让我很开心。

小 山 的确如此。料理人最开心的就是被客人所喜爱。

帕 科 料理人的精神会在菜肴中展现出来，如果客人享用料理时产生幸福的感觉，我认为这也就等于客人说很喜欢自己。有些料理人为了做到这一点，做料理的时候便十分用心，感觉上就好像是赢得客人的芳心。比方说，小孩子总是觉得自己妈妈做的菜是最好吃的，就是来自孩子对妈妈的爱。喝母乳长大的小孩和不是喝母乳长大的小孩，我认为他们对料理的感受会截然不同。

小 山 刚才看到帕科主厨和家人之间的互动，那种亲密的感觉实在令人非常羡慕，我自己也觉得支持我的家人是我最大的财富。除此之外，刚刚帕科主厨带我参观厨房设备时提到自己也有困扰之处，听到这句话我真的觉得今天来跟帕科主厨会面真是来对了。为什么我会这么说，主要是曾经有段时间我对自己所做的料理有百分之百的自信，觉得没有不好吃的道理，在那个时候，从来没有觉得沮丧或是失意。然而最近却开始偶尔会感到力不从心，会觉得客人没办法理解自己的心意。然而在今天，我发现原来帕科主厨也有过如此的感受，说真的让我安心不少。

正因为失意才能超越困难

帕　科　有绝对自信认为自己是最棒的时候，看到的都是表面的现象，自己内心应该有些许不同才对。然而，纵使现在有失意的地方，也不能被打败，而是要突破难关，要有超越的勇气，这样一来就可以应付各种情况。换句话说，感受到失意是件好事，只要能够超越困难，就可以顺利进入下一个阶段。而且，最重要的是要有热情，只要有热情，大部分的难关都可以克服。用这样的心态去做每天的工作，比方说今天没做好，或是最近有进步等等，有很多客人很喜欢哪些地方。然而，过分汲汲营营于这些琐碎的事又会变得容易丧失自我，因此该如何不被这些外在因素所迷惑，拥有超越难关的力量，正是因为有热情做后盾。

我个人很喜欢日本武术，也做了各式各样的尝试，并且从这些尝试中学习到各种精神层面的东西。在这些学习中，也让自己了解到最重要的事，只要能够明确地了解自己的心及自己的脆弱所产生的力量，所有问题都能迎刃而解。如果只是觉得自己可以做到超过本身的实力时还不行，一定要到清楚掌握自己的力量时，才能拥有超越各种困难的力量。

小　山　我也学过很长一段时间的空手道，所以非常能够理解帕科主厨的话。那么人们的热情究竟是从哪里产生的？对料理充满热情，喜欢到不行，即使一直都很喜欢，但是这样的热情、燃烧热情的生命究竟是从哪里来的？

帕　科　我十四岁的时候变成孤儿，当时里昂的米其林三星餐厅布哈吉耶妈妈收留了我，那里的女主人抚养我长大。在那里我学习到什么叫作热情。

小　山　不管是谁都不可能夺走我的冲劲。身为料理人，就是要做出不会消失的料理，因此只有现在能够这么做，所以要好好把握现在，努力地活着。

帕　科　如果有时间的话，早上来这个厨房看看如何？因为我想让小山师傅看看法国的水平（笑）。

（1993年11月，巴黎，众神的食堂）

这次对谈结束后三天，帕科主厨觉得意犹未尽，再次邀请小山师傅去众神的食堂的厨房。两人从早上聊到中午，内容都是有关料理和食材。当天，有一件事让小山师傅印象非常深刻，那就是众神的食堂的冰箱竟然是空的。也就是说，每天早上采买当天要用的食材后，才开启众神的食堂一天的运作。让小山师傅惊讶的是帕科主厨在食材和料理上跟自己有如此相同的认知，并以此从事料理的工作。在法国能够有机会跟掌握时代变化的料理人见面，实在是件很开心的事。

小山裕久
×
三国清三

三国清三

HOTEL DE MIKUNI 主厨

法国料理讲究动态，日本料理追求寂静

三　国　法国料理是不讲究条件的，也就是说气候、风
　　　　土、季节等等的条件不会对法国料理产生太大的
　　　　影响。法国料理的主要原则就是想办法煮熟就可
　　　　以了。总之，不管去任何地方，只要有火和食
　　　　材，随处都可以完成法国料理。相反，日本料理
　　　　则是必须依据季节选择食材，调味料也有所限
　　　　制，而且要求特殊的料理技巧；还因为每种鱼的
　　　　处理方式不尽相同，特别需要具备相当程度的刀
　　　　工。所以，我认为只有在日本才有办法发挥出日
　　　　本料理的长处。在这样的前提下，小山师傅在巴
　　　　黎的兰吉斯市场采买食材制作日本料理（1993年
　　　　在巴黎阿西娜饭店举行的日本料理美食祭），当
　　　　时一定相当辛苦，而且还能获得广大反响，真是
　　　　不简单。我个人觉得这对日本料理来说，应该是
　　　　相当有历史价值的一页，历史其实会因着人而产
　　　　生改变，也只有人能超越现实与传统之间的隔阂。
　　　　从这个观点来看，小山师傅所做的事真的很了不
　　　　起。虽然我深知欧洲，而且在日本有超过十年的
　　　　料理经验，我还是认为这是相当伟大的行动。

小　山　多谢三国主厨的夸赞。当初决定做这种尝试的确

是相当困难的，不过，真正开始之后的一个礼拜，渐渐感受到做这样的事是正确的。在这之前，从来没有机会在餐厅正常营业的时间进入法国的厨房。在那里有将近四十位厨师一起工作，说实话大家一起工作的景象是很壮观的。实际体验之前，对于员工在厨房如何活动，主厨在厨房的动作又是如何，这些画面虽然脑海里曾经想象过，但是身体却没办法反应过来。但是，慢慢地身体也开始学习适应，跟着动作，毕竟自己是个职业厨师。虽然是初次体验，不过真的相当有趣。

三国　个人觉得日本料理和法国料理的厨房，最大的差距就是一静一动。大家常说法国料理的厨房总是动不动就吼来吼去，再不然就是骂声不断。事实上，法国料理就是在动态中完成的料理，相对于此，我认定日本料理就是从寂静中渗透出来的技巧。我想小山师傅应该也亲身体验过，在法国料理的厨房首先要面对的就是跟员工之间的战斗，自己是君王，而员工则是家臣，能不能确定这样的上下关系，和有没有办法做出自己想要的料理有绝对的关联。过去参加巴黎美食节的时候，一开始真的是心中一把火，不知道小山师傅是否有跟我一样的不愉快经验。

小　山　其实在日本料理的厨房也是一样的，只不过在法国，我不会讲法文，中间又隔了一层翻译，所以有些情绪没办法立即表达；用日本话骂人时，只能利用表情展现自己的情绪。我就是凭借这样的方式取得了主控权。

三　国　虽然有很多日本人希望可以留在法国工作，但是真正能在这样的战斗中存活下来的日本人并没有想象的多，似乎大部分都铩羽而归。有可能是语言的问题，也有很多是实力不够的关系。从这点也可以看出小山师傅的雄厚实力，不仅可以驯服那些法国员工，而且可以吸引法国客人。小山师傅这次的尝试，将来如果有其他人想到海外发展，绝对可以作为借鉴。

要创造历史还是遵循历史

小　山　通过在巴黎工作的机会，我重新体认到日本料理的优点。即使自己负责采购、调味，还是无法做出和在日本时相同的滋味。不过也拜此经验所赐，才有办法体会到另一种美味，达到不同的境界。不管是煮菜或是烤鱼，都有不同的味道，即使味道跟日本当地不同，仍然是好吃的日本料理。现在才深切体会到前辈们替日本料理所构筑的美味，真是相当感谢。不过，法国的滋味也没办法于日本重现。

三　国　同样的道理，也可以在日本的法国料理中得到验证。在法国学习料理的人回到日本，即使他们把法国所学的技巧原原本本地带回日本，保持完全相同的思考模式以及一致的做法，但是所有的材料都是日本的，因此做出来的味道绝对跟在法国是不一样的。如果这种不同味道很美味倒还好，不过法国料理通常会将鲜奶油熬煮到水分完全蒸发，这样一来很有可能会把原本食材的味道完全掩盖掉。因此，我常说一定要用法国料理的技巧做出日本独有的滋味才行。但是，这个道理似乎没有太多人知道，也因此让我对小山师傅的想法很感兴趣。

小　山　不管怎样，就算法国的厨房可以接受日本料理的食材，但法国人思想偏于保守，搞不好他们并不这么认为。所以有些部分可说是保留某种程度的传统进行革新的产物。

三　国　也可以说狩猎民族和农耕民族的差别。简单来说就是攻守有别，有些人采用强攻建立属于自己的历史，有些人则采取守势以维持原有的历史。对法国人来说，即使是自己害怕的事物也能敞开心胸接受，并加以应对。然而日本的情况就不一样，对于自己害怕的事物会想尽办法排除，完全不让那些事物有机会接近自己，而且不让那些新事物接近传统，因为会污染传统。毕竟是长久以来的历史渊源所造成，因此没办法用好或坏来形容，不过法国人最厉害的地方在于自己越害怕，接受新事物的程度就会越高。他们擅于自我分析，对很厉害的东西，都会坦率地认同。说实话，他们的分析能力真的厉害，能够吸取法国料理的精华，然后跟下一个时代趋势做连接。而日本料理因为有些类似独门秘方的存在，所以大家会想尽办法守住自己的部分，并努力传承下去。

小　山　日本料理中也有各式各样的派别。有些人是竭尽全力希望守住传统，不过也有些人追求革新。

三　国　总而言之，如果人不肯改变，就什么都不会改变。因此，这个第一步影响很大。如果看到这些可以让年轻人愿意把目标指向日本就太好了，该是摆脱有关日本刻板概念的时候了。

小　山　所谓日本料理的技术，其实其中蕴含的哲学和传统，与法国料理应该是不相上下的，因此更应该活用日本料理，不管是法国还是纽约，到哪里都能做出料理才称得上真正的料理人。为了要提升日本料理在世界的地位，如果有什么是该做的或是能做的，我都想尽一份心力。

三　国　试着与不同的人接触，品尝不同的料理，更重要的是……

小　山　接着就是要试着去厨房工作吧（笑）。

（1993 年 12 月，东京·四谷，

HOTEL DE MIKUNI）

小山裕久

×

若埃尔·罗比雄 & 山本益博

若埃尔·罗比雄

1945 年出生,十五岁开始学习厨艺,很快成为众所瞩目的大师级厨师。三十一岁获得法国优秀工作者奖(M.O.F, Meilleurs Ouvriers de France),三十六岁创立 Jamin 餐厅,三十九岁时成为有史以来以最短时间摘下米其林三颗星的主厨。

四十八岁时将 Jamin 扩建为 Joël Robuchon,并跨入日本市场,于东京惠比寿开设城堡外观、地下一层地上三层的 Taillevent Robuchon 餐厅。身兼餐饮顾问、电视美食节目编导,并持续于巴黎、东京、蒙特卡洛、澳门等地开店,2005 年进军赌城拉斯维加斯开设餐厅。

2000 年 10 月大来卡创立四十周年庆,举办"若埃尔·罗比雄与小山裕久——20 世纪的晚餐会"。

山本益博

美食评论家

日本料理的大使

小　山　之所以邀请罗比雄大师来德岛，是希望能在东京
　　　　和关西以外的地方，让大师有机会享受料理美味
　　　　的同时重新认识日本。不知道大师会不会喜欢
　　　　德岛？

罗比雄　这是当然的。能够有机会造访日本料理界顶级名
　　　　师小山师傅的老家，不知道该用什么字眼来形容
　　　　我的喜悦。

山　本　我想小山师傅为了迎接罗比雄大师的到来，一定
　　　　是费尽心思安排，但是重点在于料理，大师觉得
　　　　怎么样？

罗比雄　棒极了。如果说小山师傅的目的是要用料理来款
　　　　待我，这次绝对是圆满完成任务（笑）。

小　山　这次能邀请到罗比雄大师来我的家乡真的是荣幸
　　　　之至。为了表达我们的欢迎之意，事先做了很多
　　　　的设想，但是最后我们决定最好的方式就是让大
　　　　师看到我们本来的样子。该如何处理食材是料
　　　　理人的例行工作，过去三十年我所采取的处理方
　　　　式，跟我今天所展现的完全一样。德岛是个得天
　　　　独厚的地方，拥有各式各样的食材。我曾经造访
　　　　过日本很多的地方，还是觉得这里堪称日本第

一，特别是这里的渔获，质量真的是没话说。

山　本　昨天的晚餐好像有烤香鱼，大师吃完之后感想如何？

罗比雄　昨晚的香鱼不知道是不是特别挑过，每一条都一样，大小刚刚好。再加上烤的功夫无可挑剔，整条鱼从头吃到尾都是一致的感觉。通常烤鱼会产生的状况，不是头部没烤熟，就是尾巴烤得太干，然而昨晚的那条鱼烤得恰到好处，味道真是好极了。

山　本　在法国料理会吃掉整条鱼的都是白杨鱼那种小鱼，像香鱼那种大小，要连头一起吃，还是用烤的，应该没有吧？

罗比雄　第二次世界大战之前，淡水鱼产量很丰富，一般民众也常吃。但是，随着时代的变迁，产业污水污染了河川，使得大部分的淡水鱼不能食用。翻开早年的食谱，有很多料理使用到淡水鱼，现在大概只剩下鲤鱼和鳟鱼可以食用，而且得经过人工养殖在湖里生长。另外，一般来说淡水鱼闻起来都会有种特殊的怪味，但是野生的香鱼闻起来却有类似黄瓜的气味，这种香味让我非常惊讶！

小　山　那种香鱼在日本也只有德岛才有。而且，虽然德岛有六条河川经过，但是只有其中一条河能够捕捉到纯野生的香鱼，尤其是能被罗比雄大师赞赏的香鱼，更是无可挑剔的。像东京或是巴黎等大都市，可以买到各地不同的食材，但是对身处地方的料理人来说，要从其他地方购买好的食材是件很不容易的事。因此，如果当地的食材不好，料理就会变得很困难。

罗比雄 虽然小山师傅这么说，但应该不只是材料的问题才对。在日本料理界，小山师傅绝对可以算是行家中的行家。尤其是能走出日本到法国，而且是在巴黎，以传统的日本料理为基础呈现崭新的风貌，将日本料理介绍给海外的美食家。从这点来看，小山师傅可以称得上是"日本料理的大使"吧！

山　本 这倒是真的。从1993年在阿西娜，到后来在丽兹、布里斯托等巴黎知名饭店举办"日本料理美食祭"，受到巴黎当地民众的高度评价。照这个情况来看，我认为能够将日本料理的文化传达给世界的时代总算到来了。

小　山 过去有关料理的所有信息都是从法国导入的，根本没有输出的机会。这也就是我为什么想要举办"日本料理美食祭"的主要原因。这个愿望在接到阿西娜饭店的邀约后总算可以实现。通过这样的机会，可以让许多专业的料理人齐聚一堂参与讲习活动。

山　本　小山师傅可以说是有最多机会在法国当地享用法国料理的日本料理师傅之一，对于要让法国人理解日本料理，哪些是必要的，哪些不必要，相信小山师傅都了如指掌。

罗比雄　没错，所以可以被称作大使嘛（笑）！

山　本　之前，我去参加巴黎丽兹饭店举办的日本美食祭时，盛装主菜的器皿用的是法国名瓷里摩日（LIMOGES）瓷器，有两条押寿司是用握寿司的形态表现*，与寿司饭搭配的海鲜，多是先经炙烤及处理至半生熟鱼鲜，再加上鲷鱼、乌贼、鲔鱼、鳝鱼等五种食材并排，然后在菜肴的四周用法国料理酱汁的装点方式洒上酱油。我看到那道料理时，觉得小山师傅所表现的日本料理怀石风，强调日本的空间，也就是座位、庭园、家常用具、食器等等，全部都是经过考证，以最精确的方式呈现在法国的消费者眼前。换句话说，在巴黎将日本料理原先所缠绕的情绪和趣味全部呈

---

*江户寿司以"握寿司"为代表，寿司饭上覆盖的多是生鲜鱼肉；关西寿司以木制箱盒押制的"押寿司"，又名"箱寿司"为主流。——译者注

现，大胆尝试的不只是食器，还包括使用法国的食材。

小山　其实我的出发点很简单，就是如何能让法国人尽情地享受日本料理。

山本　让法国人食用日本料理之后不会有任何不协调的感觉，甚至不觉得那是日本料理。甚至他们会认为这些料理是从法国料理所产生的原创料理都不足为奇，因为那真的是独具风格的料理。

小山　承蒙山本先生的夸奖，我真的很开心。延续传统美味当然是非常重要的，但如果只做到这一步是无法达到日本料理的进步的，因此必须不断地在传统中找寻独特的原创性，我认为这样才能让日本料理有进一步的发展。比方说，我在三十几岁时思考出来的料理会成为自己的基础，但不可讳言，这些也会成为日后创新发想的阻碍。即使心里想着每天都要进步一点点，做些不一样的东西，不过想来想去还是只能做出跟以前一样的料理，有段时间意识到这点，所以刻意不去做那些东西。身为职业厨师，若是只维持现状就完蛋了，所以我认为必须要常常挑战新事物。

山本　说到新挑战，让罗比雄大师品尝阿波牛应该是最好的例证。这是因为站在传统的立场，原则上日本料理餐厅是不提供肉类料理的。

罗比雄　我想这应该是小山师傅为我而特别准备的肉类料理。对肉类料理来说，烧烤的方式以及火候是很重要的，没有多余的油脂，因此口感特别清爽，吃起来相当美味。但是我想知道的是，能不能很容易在市场或是肉品专卖店买到跟我所吃到的阿波牛同等品质的肉。举例来说，日本最知名的神户牛肉在东京或是一些大都市很容易买到，不知道上等的阿波牛是否也很容易买到。若只是单纯拿来跟神户牛相比究竟哪种比较好，要回答这个问题恐怕得相当慎重。

山　本　我想罗比雄大师在巴黎的店应该也是同样的状况。有关这点，小山师傅的看法如何，小山师傅店里的菜单组合是不是要刻意展现阿波牛的特质？

小　山　在日本料理中放入肉类菜色，其实是这二十年来一项很重要的课题。最近，我的店里偶尔会推出牛里脊，但阿波牛产量很少，是这道料理的困难处。从这点来看，就如同罗比雄大师所说的，究竟是神户牛比较好还是阿波牛比较好的争论，其实是很难成立的。

山　本　毕竟罗比雄大师也担任惠比寿的 Taillevent Robuchon

餐厅料理首席顾问，与日本料理界有超过十五年
的交情，在这段时间内大师一定有很多机会品尝
日本料理，想借着这个机会请大师跟我们谈谈法
国料理和日本料理之间的差异。

不断进化的日本料理

罗比雄　日本料理给我的印象就是对于传统非常坚持。但
　　　　那些是针对建筑、器皿、服装等偏硬件的部分，
　　　　实际上吃到嘴里的食物这种软件部分，感觉上是
　　　　以传统为原则开创出新的风貌，努力求变求进
　　　　步。我想这点跟刚刚小山师傅所说的话可以相呼
　　　　应。无论如何，我认为日本料理的魅力就在于能
　　　　将食材的美味发挥到极致。法国料理其实也是一
　　　　样，即使是青菜，也应该充分考虑食材本身的滋
　　　　味进行料理。正是对食材的坚持有其共通性，所
　　　　以日本料理在法国特别受到欢迎，日本和法国都
　　　　非常重视饮食文化，所以我觉得两者对于食物的
　　　　热情和感受度真的很相似。

山　本　提到食材，罗比雄大师平常挂在嘴边的就是"料
　　　　理最重要的就是食材"。

罗比雄 的确如此。但是要找到高质量的食材并不是件容易的事，想要提升料理的质量，就得想办法比自己的竞争对手找到更好的食材才行。最上等的食材没办法在市场里轻易找到，所以得想办法利用自己的眼睛和耳朵去寻找才行。

山　本 费尽千辛万苦找到的食材，又该如何处理，才能做出自己独特的料理？

罗比雄 对料理人来说，最重要的工作就是要想办法将所有的材料做最适当的组合。其实有点像画家利用手边的画具调出属于自己的颜色，包括味道和香气都必须要妥善调和。因此，料理人也可以说是调香师。另一方面，我们当料理师傅的人，等于是剥夺动物、鱼，甚至是植物、一片叶子的生命，把这些材料做成料理送给客人品尝，因此我们心中绝对不能忘记对这些材料的尊重。

山　本 知名的美食评论家亨利·戈（Henri Gault）曾经说过"罗比雄是个完美主义者，我想他到目前为止，应该不曾对自己的料理感到过满足吧"。

罗比雄 料理是不可能做到完美无瑕的，然而可以想办法尽量减少缺失。我们做料理的时候如果要做些什么改变，就要想办法追求更完美的境界，才不会让质量降低。我从年轻的时候就希望自己能尽量做到完美无瑕，和当时的半吊子相比，我认为自己现在脑袋里想的和厨艺应该有显著的成长，即使是如此，想要达到完美无瑕还是有相当的距离。

可以看到料理之神的背影

山　本　听完罗比雄大师的感想，小山师傅的意见如何？

小　山　累积多年的技术、知识和经验，到了五十岁终于有机会可以看到料理之神的背影。通过偶尔的言语交流，更让我觉得自己仿佛在热恋当中，到21世纪时会想结婚（笑）。对我来说，日本料理给人的印象就是"清"。珍惜这种精神，试着去找出自己的道路，当然要达到这一步还有很长的距离要努力。

山　本　这倒让我想起来，忘了是在哪里，曾经听罗比雄大师说过："主厨就是艺术家。不管在任何国家或是任何文明下，料理都是最重要的文化。"

罗比雄　也许这句话听起来有些傲慢，但我真的是这么认为。

小　山　不仅是食物，还包括盛装食物的餐具，以及享受料理的空间演出等等，所谓的料理就是要创造这种综合性的享受。

山　本　大来卡公司希望能将法国料理和日本料理融合，特别在 10 月将举办晚餐会，两位届时都会出席，虽然这只是一种尝试，但我认为这样的晚餐应该会很有趣。虽然我也是当晚的主办人之一，但是，现在想请两位谈谈各自的抱负。首先想听听小山师傅的意见。

小　山　今年刚好是 20 世纪即将结束，要迈入下一个新世纪的时刻。法国料理会变成怎么样？日本料理又该如何发展？如果我跟罗比雄大师都提出同样的见解，会是很棒的事。

罗比雄　总之，最重要的是如何让菜单呈现出和谐的感觉。我想主题应该是爱吧！对自己工作的热忱、对顾客的情感，以及对努力的追求，就像这些描述对于所有事物蕴含的爱。小山师傅和我一样都是属于对料理拥有热情的料理人，像这样的两个人如果能够结合，当然会蕴育出爱的结晶、爱的杰作。如果这样的结合能够成功的话，我们两人就可以在世界中四处游走。

小　山　如同现在所说的一样，为了要见到料理之神，我花了将近三十年的时间，十年前好不容易可以跟它约个会，但是一直到最近才真正能够跟料理之神谈情说爱。罗比雄大师应该比我更早遇到料理之神。对于那些各自拥有法国料理和日本料理意识形态的伙伴，如果能够确立他们彼此可以结合的话，我认为这些是很值得展示给世人的。

山　本　这次的餐会可以说是最了解日本料理的法国天王主厨，以及最了解法国料理的日本顶级大厨共同参与，我相信绝对可以找到同一个主题也就是最和谐的菜单。应该没有比这样的组合更好的了，当晚的餐会名称就取名为"20世纪的晚宴"如何？

罗比雄　因为是大来卡（Diners）主办，取个谐音，就用晚餐会吧！

山　本　有道理。那么两位都同意用"20世纪的晚餐会"咯！

小　山　我觉得挺好的。

罗比雄　我举双手赞成。

山　本　既然两位都同意，那么我们就期待10月再会啦。

（2000年，德岛，青柳）

255

结语

我非常喜欢日本料理。

为了出版这本书，我自己从头到尾又把内容看了一遍，也算有个机会可以从不同的角度来检视与料理产生密切关系的自我，重新整理自己的思绪。我再次肯定在德岛那片土地上，我用自己的方式摸索而完成的事是没有错的，我也因此找到自信。同时，恍惚能在其中看见自己所瞄准的世界，并且已经做好进入下一个阶段的准备。

我真的觉得自己选择做日本料理是件很棒的事。

这本书能够顺利出版，真的要感谢很多人的帮忙。我内心充满感谢。在此表达我最诚挚的谢意。

1996 年 吉日

小山裕久

尾声——与田中康夫的对谈

田　中　小山裕久的料理可以说是非常具理论性、哲学性
　　　　的，甚至还包括被我称为灵感的第六感天赋……
　　　　不过如果从结果来看，因为拥有实体，所以也可
　　　　以说具有机能性。

小　山　日本料理中有关日本的部分，说真的我现在很强
　　　　烈地感受到这是非常重要的。一直到最近，日本
　　　　料理的厨房是没有温度计的，有时会说现在的温
　　　　度是 68 摄氏度左右，不过这样的数据通常是凭
　　　　借着过去的经验法则来推测，而不是实际量测的
　　　　数据。举例来说，要判断高汤的温度，可以从高
　　　　汤中冒出的"蚊子眼"水泡来判断水温在 50 度
　　　　左右。

田　中　"蚊子眼"指的是什么？

小　山　所谓蚊子眼指的就是跟蚊子眼睛差不多大小的水
　　　　泡。另外，还有"螃蟹眼"，是68度左右的水
　　　　温，水泡的大小跟螃蟹的眼睛差不多。如果再大
　　　　一点，就该有70度的水温，再来就是煮沸的状
　　　　态。此外，炸天妇罗的油温也是用同样的标准来
　　　　判断。再者，从外裹的面衣滑落的速度也可以断
　　　　定温度高低，如果一直沉到最下面，油温160度
　　　　左右，停在中间，温度大约是170度，要是一
　　　　下锅就浮在表面，温度铁定超过190度。当然，
　　　　通过声音也可以判断。热油声从"刺——啦"、
　　　　"刺——啦"、"刺——"到"咔刺"大概就差不
　　　　多是190度。虽然眼睛和耳朵可以知道很多事，
　　　　但是最近很流行"秘方"或是"食谱"的万能主
　　　　义，反而让人无所适从。

田　中　不只限于料理，类似这样的古老智慧大部分都已
　　　　经消失了。

小　山　如果能把西洋的数据和日本的智慧结合在一起，
　　　　应该是最佳的组合。

田　中　就好像现在社会盛行的强调数字的新自由主义一
　　　　样，日本料理的古老智慧很有可能就此丧失。比
　　　　方说，当气温降到10度左右，青蛙会突然进入

冬眠。不过进入冬眠之前，11度或是12度时，青蛙应该会懒洋洋的，也就是说这一切是有预兆的。当气温降到10度的时候，青蛙就进入冬眠状态，搞不好可以用石蕊试纸在颜色改变的瞬间来说明是一样的。究竟会不会进入冬眠状态其实是很微妙的境界，专业的说法叫"隐性知识（tacit knowledge）"，简单说就是通过亲身体验所累积的个人知识，这些知识也会随着个人的信念、观点与价值观不同而受到影响。但是现在的教育普遍偏向美国式，往往会套用"10度冬眠、11度不冬眠"的二分法理论。然而最重要的应该是要重视孩子们单纯的疑问和兴趣，以及他们对于事物不停问"为什么"的好奇。

小　山　这点应该说是所有事物的起始点。

田　中　比方说，从轻井泽到筱之井之间旧信越本线的信浓铁道，随着新干线开通而被地方接管，所有县政府的职员都得参加为期三个月的研习，学习各种事物。司机、售票员，甚至是打扫厕所等工作都要亲自体验，至于轨道路线的检查则必须有专业的路线维修工程人员陪同一起进行。公司内部有明文规定"走过几万回铁轨就必须换新"，"测量轨距产生的磨损到达一定程度就必须更换"，但是跟随老经验的路线维修工程人员一起检测轨道时，单凭声音的微妙差异，他们就能知道螺栓是否拧紧，并且能判断零件是不是需要更换，像这种判断的境界，也就是所谓的"临界值"。也可以说是匈牙利出生的物理学家、同时也是社会学者的迈克尔·波拉尼（Michael Polanyi，1891—1976）所说的"隐性知识"、"隐性层次的知识"领域。简单来说，就是没办法运用基于经验的知识或言语说明清楚，甚至是无法说明，即使是对于非常明确的领域也一样，出色的料理也是相同的道理。正因为如此，即使要使用秘方也必须想办法超越秘方，至于不把秘方放在眼里的人，通常完成度都很低。这样一来变得只是不战而胜，没有跟其他人在同一个环境下竞争的记录。

小 山　没办法跟别人说明，是否意味着自己本身也不是很了解。

田 中　没错，就是因为自己本身不了解的关系。现在的日本根本不教"5W1H"*的提问法，因为这个社

---

* 5W1H：指分析事物时提出的五个基本问题，即 what（何事）、who（何人）、where（何地）、when（何时）、why（何因）、how（何法）。——编者注

会根本不让人去思考。

小　山　我想这点应该是个大问题。

田　中　如果从这个层面来看，小山师傅在这本书里强调系统性、极富哲理、讲究逻辑的内容，同时也没有忘记着重精神层面的分享。小山师傅所做的努力，就好像是通行世界的计算机操作系统"Windows XP"，也可以说是专业人士用来构筑互联网的"Linux"，可以说是集两者之大成。换句话说，就是将自己的指示以垂直的方式显示，然后要求弟子或下属负起各自的责任，通过教导他们自律以进行水平式的补充。

小　山　没这么了不起……

田　中　小山师傅的伟大，或者也可以说是我替自己所做的辩解，田中康夫也做同样的事（笑）。在严格要求弟子或职员的同时，也会教导他们学习自主自律、自我责任的意识，也就是所谓的双管齐下。但是，这点可能许多凡夫俗子是没办法理解的。换句话说，大部分的人都只是很严格地下达命令，类似讲究垂直服从的体育界教练，通常都是照本宣科，因此很容易了解，而且有主从关系可以依赖。然而，另一方面也有不靠垂直辅助的，比方说小山师傅和我这种专注于水平式补充的方式，对于没办法同时拥有想象力和自律性的下属或弟子来说，会让他们感到不安。而在他们各自的成长过程中，这样的不安也会导致他们不愿意认同自己，不能理解真正的问题所在。

总之，如果自己认定Windows 2000是最好的选择，或是打算从Windows 98转换成Windows 2000的时候，有人却说"还有Windows XP（小山）的选择唷"，因此突然出现的XP，就变成大家嫉妒的对象。但是，如果只是追求XP的料理人，搞不好会说"没错，我只有Windows 2000，但我已经偷学到XP的技巧"，而不是像小山师傅这样拥有XP的技术，同时又能实践自主自律、自我责任的Linux模式。再者，这还是不会宕机的计算机，所以也许会有人问："怎么能做到这一点，那家伙的脑袋在想什么？那家伙到底有多大能耐？"

小　山　不敢当。

田　中　其实可以说是走在艰难的道路上。因为是走在时代的前面，所以一切的苦难也可以说是宿命，不过，也只有这种人才有机会创造时代。感觉上我好像在陈述自己的心情（笑），然而在重新阅读这本书之后，我的感觉是"没错，小山裕久师傅果然

263

跟我很像"。

而且，小山师傅的书其实很浅显易懂。这点也是相当重要的。对于厨房工作人员来说，他们必须要培养注意客人用餐情况的意识；服务生收拾餐具的时候，应该要顺便注意别桌餐具的使用情况。也就是说，只单纯地做一件事是不行的，这样的理论如果用在商业书籍中应该是很浅显易懂的。简单来说，这本书并不只是单纯的使用说明，而是呈现出小山师傅的人生哲学，应该算是非常有格调的文学作品。书中谈论的是人类生存之道的文化。不过，小山师傅的品德水平跟我不同，他不是那种会强迫别人的人，因此，读者看过之后可能会觉得"的确如此"。如果是我的话，一定会被别人批评"那家伙根本是自以为是"。所以我觉得真的很不简单。而且，小山师傅的料理，包括他的文章也是一样，都让人有"流畅的感觉"。此外，也让人感受到"光泽"，这是相当出色的部分。说到"光泽"，也许现在的年轻小伙子会想到是打过蜡的感觉，究竟是什么意思呢？如果没办法了解这层意义，我想小山师傅也没必要再说什么。

小　山　换个话题，当初加入青年会议所的时候，有专人教授我们KJ法[*]。我离开吉兆回到德岛的时候，他们张开双臂接纳我。每个月都会请讲师来上课，甚至熬夜训练我们运用 KJ 法整理自己要说的内容。KJ法简单地说，就是利用卡片做分类的方法。这个方法同时有一个好处，那就是采用卡片填写及轮流说明的方法，让每一位参加者都有表达自己想法和观念的机会，而不是只有勇于发言的少数人贡献他们的智慧。我认为这对于开发新料理是绝对必要的。

田　中　的确如此。对于知识和经验的累积才能做出回答的逻辑，必须要想办法超越才行。

小　山　但是，虽说要超越逻辑，却不能运用缺乏逻辑的方式来超越。因此，必须通过庞大的知识累积和体能的修炼，才真的有机会修成正果。不管是宗教还是科学上都是相同的道理。这样一来，如果要整理自己的料理，可以通过右脑的创意运作，如果试图用左脑进行整理，就必须将所有的东西都列清楚，但是只要进入右脑后，瞬间就会反应出来。不过，我现在已经不再举这样的例子来做说明。曾经

---

* KJ 这个名称是创始人川喜田二郎（Kawakita Jiro）取英文姓名起首的字母命名。——译者注

265

有段时间大家都认为计算机其实跟人类是相同的，然而我还是觉得这两者之间是有差距的。

田　中　但是，小山师傅本身就是超越强调二分法理论计算机的超级计算机。

小　山　就好像是"魔法潜藏在身体当中"，虽然大家都说眼睛看到的东西会忘掉，但事实上看到的影像一定会停留在某个地方。就像摄影机一样，只要看过一次就会留下记录。而且，镜头的运用是可以训练的。白天碰到的人，到了晚上再看到的时候，通常会需要想一下，"那个人怪怪的。不知道是哪里怪怪的，还佩戴着口袋巾。感觉有点不对……"在这样的情况下，口袋巾就已成为影像留在脑海中，"好像是白色"或什么的。这些跟料理的餐盘用具或其他各种事是相通的。

田　中　这也是没办法的事，因为小山师傅是天才。不过，大部分人也许有差不多的能力和特质，虽然没办法成为第二个小山裕久，但是看完这本书，有心效法的人应该可以启发更多的热情和诚意。但是，这样的热情和诚意，可不能变成单纯的日本精神论调。只要有热情和诚意，只要能适度发挥能力和特质，应该可以达到一定程度的水平。如果我跟员工们说这些话，他们会生气，因为他们的自尊心比较强。虽然这一点小山师傅在书中已经说明过，一切都是遵循使用手册，在不同的时机做出不同的临场反应，不过并不只是应付当下，自己得想办法去理解该如何对应。管理和领导之间究竟有什么不同？所谓的管理其实就是遵循使用手册，也可以说是做对的事，"do right thing"；相对地，领导则是要把事情做对，"do thing right"。换句话说，自己去思考，本身的责任就是要能将事物导向正确的方向。不过，如果只是不经心地重复那些大家都认为正确的事，则不能算是领导。同样地，对日本料理来说，每位料理师傅都有自家不外传的绝学，甚至有很多是老师傅死后就会失传的技术。针对这点，法国料理则完全相反，能够在现存的逻辑、实际的技术与食材之间取得平衡。

小　山　而且，日本料理的平衡结构并不是一开始就有的，不过，相反，日本的料理人搞不好可以从这里找到更好的机会。在日本料理的悠久历史中，充满机会的 21 世纪对我们来说，应该是可以感到幸福的事。为了延续这样的美梦，还是必须让古典的技术能够重现，再加上现代的睿智，这也是我毕生追求的事业。不过差不多已经到极限啦（笑）！

田　中　绝对没这一回事。尤其是小山师傅，更不会有这种状况。换句话说，对于那些意识还停留在 Windows 95 的人来说，他们会觉得所谓 Windows 98、Windows 2000 的师傅非常好，这是因为他们自己也有机会达到同样的境界。不过，对于擅长 Windows XP，甚至还兼具 Linux 特质的小山裕久则是充满嫉妒。换个角度来解释，这和本身的涵养没有关系，或者该说是超越涵养的层面，要选择电子计算器、算盘或是心算来做运算，会使用 Windows XP 和 Linux 的人应该可以理解这些层次上的差别。然而，对于那些只能按照使用手册依样画葫芦地执行 Windows 的人，要他们同时学会使用 Linux 的功能，通常不太可能。更令人好奇的是，他们为什么不愿意停下来仔细看清楚整个事件的全貌呢？

小　山　我想如果不锻炼自己的脑袋是不行的，究竟该如何在年轻的时候进行脑力激荡让自己的脑袋更灵活？脑袋不够灵活的人是很容易被淘汰的，为了能完成重责大任，事前该如何自我训练？以我自己为例，为什么三十多岁的时候没能了解到这些？对于那种无能为力感觉得到急躁，也因此不由自主地有点生气（笑）。如果在关键时刻适时反应，才会更有效果。

田　中　现在已经到一个段落了吗？

小　山　以前是专投直球，所以考虑的只是想办法飙出速度。正因为如此，被大家认为是强投，其实只是当时年轻有力。

田　中　那我想问个问题。在这本书的第一部分"料理的思考模式"，有没有哪些内容是小山师傅想要删除的？

小　山　没有。重新再看过一遍，我还是觉得一切正如我所写的，没有改变。我算是一个永久理论者，虽然是不断重复相同的东西，只是希望借以取得优势。但是，如果说到人的正直心，或是所谓的诚信，追本溯源应该是要正直地做人，这才是宗教的真谛所在。

田　中　这也就是我常说的"正面迎战"。或许也可以说是"血统"（descent），这里所谓的血统，指的不是表面的礼仪合宜，而是拿来形容人非常慎重，又能确保本身的自信、勇气和气概。因此，小山师傅可以说是料理界的贵族。这样的要求对于没有血统的料理人来说是很困难的。

小　山　其实人生在世，如果没有某种程度的勇气，是很难持续下去的。自己觉得人生非常有趣，甚至认为连睡觉都是一种浪费，努力付出，但是到最后，对方的响应却是"到此结束"。

田中　完全同意。

小山　可能会有人觉得我们说"不睡觉……"或是"星期天工作"之类的话是不可思议，这点也是没办法的事（笑）。比方说，料理人一天待在厨房的时间通常超过二十个小时，所以也可以说厨房就是自己的人生。如果工作上没有成就，人生就等于完蛋了，因此一定要尽早找到有趣的地方，让自己有更多的热情。我告诉我的员工，如果真的不喜欢就赶紧改行吧！要辞职是很自由的。有的员工晚上八点半就想下班，我通常会拍拍他的背，"既然对料理没有兴趣，就回去吧"……从这点来看，我还是觉得进入料理界是正确的选择。说实话，现在比以前想得更多。过去曾经跟濑户内寂听法师*对谈，她跟我说："虽然我认为

* 原名濑户内晴美，1922 年出生于德岛县。刚出道的时候专写女性私生活，笔调大胆，被文坛嘲为"子宫作家"。出道以来获奖无数，1963 年以《夏天终了》获女流文学者奖，并确立其文学上的重要地位。1973 年突然削发为尼，法号寂听。现为佛教宗派天台宗的大僧正，相当于基督教的大主教或枢机主教。——译者注

小山师傅做料理是天职，但是看到小山师傅所做的事，我最近觉得小山师傅是不是有什么打算。"老实说，我真的有。

田　中　小山师傅的意思是"现在"吗？

小　山　改变很大吧！该说是今年（2005年）四五月的事。自己好像找回三十岁世代的感觉，这种感觉真的很有趣。觉得活着真好，可以做各式各样的事。不过，现在已经不做"薄片状生鱼片料理"。总算可以不用再做"薄片状生鱼片料理"或是"醋果冻"这样的料理，之前有很多层面的考虑，总是无法割舍。事实上，在我心里"醋果冻"已经不是我所在意的部分，内心甚至觉得大家要模仿也无所谓。因为那已经是跟我没有关系的东西了，觉得自己必须跳脱出过去的领域，才有机会更上一层楼。

田　中　嗯，我可以了解这种感觉。也正因如此，小山师傅的料理应该可以说是超越了"日本的梦幻精致料理"。不仅拥有完整的轮廓，风味上也相当柔和。个人认为这些通常会随着年龄增长而逐渐枯萎，或是像小津安二郎导演的电影一样，朝向更梦幻的细致方向发展。不过，事实上好像不是这样，反而是会呈现出跟现在完全不一样的风味，我觉得小山师傅应该就是发现这点，所以才会有现在这种表情吧！不是吗？

小　山　哈哈哈。只是没办法像年轻时代那样头顶会冒出热风，冲劲十足。不过就是这种感觉！

（2005 年 11 月 13 日，东京，晴海 basara）

文景

社 科 新 知　文 艺 新 潮

Horizon

日本料理神髓

［日］小山裕久 著

赵韵毅 译

出 品 人：姚映然
责任编辑：李夷白
封扉设计：@broussaille 私制
美术编辑：安克晨

出　　　品：北京世纪文景文化传播有限责任公司
　　　　　　（北京朝阳区东土城路8号林达大厦A座4A　100013）
出版发行：上海人民出版社
印　　　刷：山东临沂新华印刷物流集团有限责任公司
制　　　版：北京大观世纪文化传媒有限公司

开 本：787mm×1092mm　1/32
印 张：8.75　字 数：139,000　插页：2
2017年1月第1版　　2024年4月第6次印刷
定 价：65.00元
ISBN：978-7-208-13883-4 / G·1805

图书在版编目（CIP）数据

日本料理神髓 /（日）小山裕久 著；赵韵毅译. —
上海：上海人民出版社，2016
ISBN 978-7-208-13883-4

I.① 日… II.① 小… ② 赵… III.① 饮食－文化－
日本 IV.① TS971

中国版本图书馆CIP数据核字（2016）第139074号

本书如有印装错误，请致电本社更换　010-52187586

社科新知　文艺新潮　|　与文景相遇

微信公众号	微　博	豆　瓣
bilibili	抖　音	小红书